초급간부를 위한 필드노트 COB

여는 말

책을 저술하는 2025년 현재에도 세계는 "러시아-우크라이나 전쟁", "이스라엘-하마스 전쟁" 등 끊임없이 전쟁이 이루어지고 있는 와중에 대한민국의 주적인 북한이 러시아의 편으로 전쟁에 참전하여 하루가 다르게 현대전에 대한 경험과 실전 데이터를 쌓아가고 이를 북한군 양성에 즉시 반영하는 등 현재 대한민국 국군 앞에 북한군은 6.25전쟁 이후 위협이 최고조에 달았다 해도 무방하다.

전략무기나 무기체계의 변화가 아닌 개인전투체계의 발전과 역량의 강화는 단순한 문제가 아니다. 예로 흔히 현대전은 미사일 전쟁으로 버튼만 누르면 된다는 소리가 한동안 많이 나왔지만, 현재 이루어지는 전장에서는 그것이 전쟁을 끝내지 못한다는 것을 알 수 있다. 조금만 생각을 해봐도 적이 건물에 1~10명이 있다고 매번 포탄과 미사일을 매번 쏟아부을 수도 없으며 그에 따른 부수적인 피해며 결국 최종 확인은 전투원이 직접 확인을 해야 한다. 그렇기 때문에 전차와 자주포, 미사일만큼이나 개인전투체계와 역량 또한 중요하며 서로 간의 균형을 맞추어 함께 발전을 해야 한다.

소부대에서 이루어지는 훈련 등에서 흔히 "전술에는 정답이 없다."라는 말을 많이 들어봤을 것이다. 경험이 많지 않은 사람이나 METT-TC임무변수 또는 전술적 고려요소를 적용하여 생각하지 않으면서 말도 안 되는 행동을 한 뒤에 전술에는 정답이 없다라고 하는 경우가 적지 않을 것이다. 원리를 제대로 이해하지 않은 상태에서 많이 나오는 것으로 저자는 이 책으로 원리에 대한 이해를 돕고자 하는 바도 있다.

현대는 "정보의 홍수"라는 말처럼 디지털 시대에 맞게 인터넷, SNS 등을 통해 방대한 정보가 끊임없이 넘쳐흐른다. 그러다 보니 과거 군 또는 경찰에서만 접할 수 있는 관련 정보들을 해외 특수부대 출신에 의해 비교적 최신화된 내용과 세부적인 부분까지 손쉽게 유튜브와 인스타그램에서 알 수 있게 되었으며, 더 나아가 그 인원들이 설립한 수많은 전술업체를 통해 오프라인으로도 양질의 교육을 받을 수 있다. 여기서 저자는 앞서 설명한 수많은 곳에서 공개된 정보들과 직접 국내·외에서 전술업체들의 오프라인 교육을 받은 경험으로 전투기술과 그에 관련한 내용을 이 책에 정리하여 관련 정보가 필요한 군의 초급간부들에게 지식의 전달을 하고자 한다. 이로 인해 개인부터 조·분대 단위, 소대 단위 또는 그 이상까지 차근차근 실력을 쌓아 현장의 창끝부대에서는 강한 전투력을 발휘하고 상급부대에서는 예하부대가 실제로 할 수 있는 것을 계획하고 올바른 참모 기능을 하는 것에 기여하는 것을 목표로 한다.

끝으로 현재의 내가 있을 수 있도록 많은 도움을 현재까지 주고 있는 David와 J.G.에게 아낌없는 감사를 표하고, 이외에도 도움을 주신 분들에게 무한한 감사의 인사를 드립니다. 그리고 현재까지 또 앞으로도 각 임지에서 자유 대한민국을 위해 헌신을 다하는 전·현직 전우들에게 존경과 감사를 전합니다.

2025년 10월, 김정환 드림

목 차

제1장 사 격 ——————————————————— 7

- step.1 들어가기   9
- step.2 기초조작   15
- step.3 사격준비   33
- step.4 사격술   75

제2장 CQB ——————————————————— 131

- step.1 들어가기   133
- step.2 기초개념   158
- step.3 기본 전투행동   172
- step.4 이동과 클리어링   197
- step.5 기타   235

○ 참고자료 ——————————————————— 273

01
사격

"넌 위기의 순간에 갑자기 실력이 늘지 않는다.
그저 너의 훈련 수준만큼 할 수 있을 뿐이다."
"You don't rise to the occasion,
you fall to the level of your training."

美SOF 풍문 中

step.1 들어가기

전투원에게 있어 기본 무장은 개인화기로 시작한다. 개인화기로 하는 사격은 적과 전투를 하기 위해서는 최소한의 필수불가결한 기본 행동이기에 군종軍種[1])과 병과를 막론하고 기초군사훈련에서부터 교육하는 것 중에 하나이다.

이러한 훈련을 받은 전투원은 사격에서 단순 빠르게 쏘는 것이 아니라 "빠르고 정확하게" 쏘는 것이 중요하다. 단순 빠르게만 쏘는 것이라면 중학생에게 총을 쥐어줘도 빠르게 쏠 수 있다. 하지만 전투원은 훈련을 받기 때문에 빠르고 정확하게 쏠 수 있어야 한다. 그리고 이 훈련에는 어떤 상황에서도 사격을 할 수 있게 하는 것도 포함한다.

즉, 환경적인 요인에 상관없이 일정한 사격실력을 낼 수 있어야 한다는 것이다.

흔히 사격장에서 멈춰있는 상태에서 표적이 어디서 올라올지 알고, 사수가 서 있는 라인에 맞춰 앞에 거리별 표적들만 쏘는 편하고 준비된 상황이 절대 아니다. 그러나 현실은 대부분 일어나지도 않거나 일어날 확률이 극히 적은 이 상황으로 훈련을 많이 한다. 예시로 적과 마주할 상황은 주간이나 야간 또는 그 중간이거나 주간이더라도 불 꺼진 건물 내부나 야간이더라도 불 켜진 내부일 때도 있기 때문에 빛의 밝기에 따라 적절한 장비를 활용하여 사격을 할 수 있어야 하고, 스포츠 사격처럼 처음부터 멈춰서 기다렸다가 사격을 하는 것이 아니라 침투나 이동, 목표지역에서 행동 등에서 이동을 하다가 의도하지 않은

---

1) 군종(軍種) : 주요 군사 집단의 종류로 국군은 육군, 해군/해병대, 공군이다.

적과 접촉 시에도 사격을 할 수 있어야 하고, 이때도 항상 정면에 나타나주지 않기 때문에 적이 나올 수 있는 모든 방향에 대해서도 방향 전환을 해서 사격을 할 수 있어야 하고, 주변에 은·엄폐물의 상황에 따라서 그 자리에 바로 엎드리거나 또는 즉시 주변 은·엄폐물로 이동을 한 뒤에 쏘거나 은·엄폐물의 모양이나 크기에 따라 상단 및 좌·우측을 활용해서 사격을 할 수 있어야 하고, CQB상황처럼 사격을 하면서 기동도 할 수 있어야 하고, 이처럼 사격을 하면서 탄은 무한이 아니기 때문에 재장전을 할 수 있어야 하는데 상황에 따라 빠르게 재장전하는 신속재장전과 다음 교전을 위한 전술재장전을 할 수 있어야 하고, 총기가 기능고장이 나면 원인을 진단해서 조치를 한 뒤에 사격을 이어 나갈 수도 있어야 하고, 항상 체력이 남거나 편한 상황에서만 하는 것이 아니기 때문에 체력적으로 힘들거나 스트레스를 받은 상태에서도 앞선 모든 것들을 할 수 있어야 한다.

즉, 단순히 과제별로 조각내어 훈련으로만 끝내는 것이 아니라 부여받은 임무를 수행하는 상황 속에서 언제든지 필요한 사격능력을 발휘할 수 있어야 한다는 것이다.

사격선수가 하는 스포츠 사격과 전투원이 하는 전술사격은 차이가 있다는 것을 알아야 한다. 표적을 빠르고 정확하게 쏴야 한다는 목표는 같으며, 빠르고 정확하게 쏘는 것에 대해서는 사격선수에게 많은 도움을 받을 수 있을 것이다. 하지만 전투원은 전투에 이기기 위해서는 충분하지 못하다. 전투원이 하는 사격은 당장 표적이 사수를 쏘기 위해 움직이고 사격을 한다는 점에서 스포츠 사격과 많이 다르다. 그렇기 때문에 전투원은 상황인지 및 파악과 판단이 중요하고 여기서 이어지는 전술과 전투상황에서의 일관성이 중요하기 때문이다. 결국 사격의 완성은 목표가 아닌 하나의 과정인 셈이기도 하다.

❏ 총기 안전수칙Rules of Firearm Safety

- 모든 총기는 실탄이 장전된 것으로 간주한다.
- 특정 표적에 대한 사격 외에는 어떤 사물도 조준하지 않는다.
- 표적에 조준하기 전까지 방아쇠에 손가락을 올리지 않는다.
- 표적과 표적의 앞·뒤 등 주변을 잘 확인한다.

현대 총기에 관한 사격술의 아버지라 평가받는 미국의 "제프 쿠퍼Jeff Cooper"가 제시한 안전수칙으로 소총과 권총 등 대부분의 총기를 사용함에 있어 적용되는 것이다. 그리고 안전수칙 또한 총기를 다루는 것이기 때문에 사격술에 당연히 포함되는 것이다.

모든 총기는 실탄이 장전된 것으로 간주한다. 기본적인 대원칙으로 이를 바탕으로 다른 안전수칙이 파생되기도 했다. 이 사항은 장전되어 있지 않더라도 장전된 것만큼 조심하게 취급하라는 것으로 동료의 총기나 사살된 적 또는 미상의 총기를 발견하고 처음 취급을 할 때도 여과없이 적용이 된다. 그리고 약실에 탄이 비어있는 상태라고 장난감마냥 다룬다면 그것이 습관이 되어 장전된 총기도 똑같이 다루게 될 수 있다.

특정 표적에 대한 사격 외에는 어떤 사물도 조준하지 않는다. 흔히 총구 군기로 표현되는 Muzzle Discipline으로 장전이 되어 있지 않고 그것을 확인했더라도 목적교육훈련 등이 있지 않는 이상 사람을 조준하지 않는다. 그리고 총기 안전수칙의 가장 첫 번째인 "모든 총기는 실탄이 장전된 것으로 간주"하기 때문에 총구를 통제하여야 하는 논리이기도 하다. 그리고 레이저 룰이라고 하여 총구에서 레이저가 나가고 그 레이저가 지나가는 곳은 파괴된다는 생각으로 사람이게 향하지 않도록 하는 것이다. 아군 또는 사람을 총구로 긁게 될 것 같으면 총구를 하늘 또는 땅을 바라보게 피해야 하며, 반대로도 스스로 아군이 조준을 하고 있거나 할 때 쓸데없이 그 앞을 지나가거나 하면 안 된다.

표적에 조준하기 전까지 방아쇠에 손가락을 올리지 않는다. 총구 군기와 같이 방아쇠 군기로 표현되는 Trigger Discipline으로 표적에 조준을 하기 전까지는 방아쇠에 손가락을 올리지 않는 것또는 걸지 않는다로 표현으로 오발의 가장 많은 원인이기도 하고, 제대로 훈련받지 않은 전투원에게서 심심치 않게 볼 수 있는 현상이기도 하다. 손가락은 항상 방아쇠에 올리지 않고 방아쇠울 바깥에 두는 핑거 세이프티를 유지한다.

표적과 표적의 앞·뒤 등 주변을 잘 확인한다. 표적이 되는 신체는 방탄이 되지 않는다. 사격을 했을 때 탄이 신체를 뚫고 그 뒤로 날아갈 수 있기 때문에 그로 인한 아군 또는 민간인에 대한 영향도 판단을 할 수 있어야 한다.

교육 간 빈 총이더라도 피치 못 하게 총구를 교관이나 옆사람에게 향할 수 밖에 없거나 향해야 한다면 현장에서 "지금은 교육 목적상 저에게 총구를 지향해도 됩니다." 등 정확하게 상황을 설정해주는 것이 좋다.

❏ 총기 상태 확인Check Status

1. 총기에 탄알집 결합 여부 확인
2. 조정간이 안전으로 되어 있는지 확인
3. 총기에 약실이 비어 있는지 확인
   ※ 탄알집이 결합된 상태면 탄알집을 우선 제거
4. 탄알집에 탄이 삽탄되어 있는지 확인

최초 총기를 확인 할 때 기본 확인하는 사항으로 타인의 총기를 받는거나 총기를 확인할 때도 사용할 수 있다. 아군에게 본인의 총기를 잠시 넘겨줄 때는 항상 노리쇠를 후퇴고정하고 비어있는 약실이 잘 보이도록 총구를 아래로 향하게 하면서 넘겨주는 것이 일반적이고, 반대로 본인이 받을 때도 그렇게 넘겨받으면서 이 총기는 안전하다 라는 것을 한눈에 인지시켜 주도록 한다.

총기 상태를 확인하면서 안전하게 조치도 할 수 있다. 절차대로 확인하면서 총기와 탄알집을 분리시켜 놓고 약실에 탄이 있다면 빼고 노리쇠를 후퇴고정한 뒤 약실이 하늘 방향으로 향하게 바닥에 놔두면 다른 사람이 보더라도 한눈에 이 총기는 안전한 상태다 라는 것을 알 수 있다. 이러한 절차는 보통 항복한 적 또는 시체나 떨어져 있는 미상의 총기 등에 대해서 실시한다.

만약 주간과 같이 밝은 상황이 아니거나 랜턴 등을 켜서 확인하기 제한된다면 직접 손으로 하나하나 만져가면서 실시하면 된다.

❏ 주시안 Dominate Eye 확인하기

사람의 눈은 양쪽으로 총 2개지만 시각정보를 받아들일 때 양쪽 눈이 균등하게 받아들이기보다는 둘 중 하나의 눈에 의존을 한다. 즉, 오른손잡이와 왼손잡이가 있듯이 눈도 동일하게 의존적인 눈이 있고 이를 주시안이라고 한다.

주시안을 확인하는 방법은 매우 간단하다. 멀리있는 특정 물체를 손가락으로 원을 만들어서 그 안으로 보면서 한쪽 눈씩 감아보면 된다. 이때 오른쪽 눈이 주시안이라면 왼쪽 눈을 감았을 때는 그 물체가 손가락 원 안에 있지만 오른쪽 눈을 감았을 때는 그 물체가 손가락 원 안에 없을 것이다. 주시안과 주손이 같아야 사격을 할 때 상대적으로 편하고 유리할 것이다.

〈사진 1〉 오른쪽 눈이 주시안일 때의 예시[2]

---

2) 출처 : OpenAI.(2025).주시안[AI-generated image].ChatGPT.https://chat.openai.com

step.2 기초조작

❑ 워크스페이스 Workspace

작업 또는 조작하는 공간으로 전투원이 사격을 한다는 것은 대상인 표적위협이 있고 그렇기 때문에 그곳은 상대적으로 우선순위가 높다. 위협 방향에 대해 시선을 포기하고 총기가 있는 아래쪽을 보면서 재장전 등의 절차를 하는 것이 아니라 위협을 보고 있는 전투원의 시선 안으로 작업 또는 조작해야 하는 것을 가져와서 일처리를 한다. 워크스페이스는 보통 사용자의 얼굴 높이에 얼굴로부터 주먹 1~2개가 들어갈 거리를 말하지만 권총의 경우 좀 더 떨어질 수 있다.

〈사진 1〉 워크스페이스 예시

사격, 작전 및 훈련 등으로 최초 장전을 할 때나 사격으로 인한 재장전을 할 때는 탄알집을 탄알집 삽입구에 정확하게 넣는 것을 보면서 곁눈 또는 나머지 시야로 적 또는 주변 상황을 계속 인식하고 위협을 놓치지 않도록 한다. 시선을 옮기더라도 최소한으로만 벗어나게 해서 효율적으로 확인할 수 있게 한다.

　소총 재장전 시 견착을 떼고 개머리판을 겨드랑이에 넣고 워크스페이스에 더 가까이에서 하는 것은 견착을 유지하고 재장전하는 것보다 상대적으로 속도는 느릴 수 있겠지만 전투상황에서 엄폐물 등을 활용하여 주변 환경을 보면서 안정적으로 위치를 이동하면서 할 수 있다는 장점이 있다.

〈사진 2〉 재장전하면서 위치이동 예시

❏ 탄알집 결합 및 장전

- 3포인트약실, 노리쇠, 탄알집 삽입구 체크
- 탄알집 결합
- 프레스 체크Press Check

최초에 장전하기 직전 총기의 3곳을 먼저 확인하는데 이를 3포인트 체크Three Point Check라고 한다. 먼저 약실을 보고 이물질이나 기타 잔탄이나 탄피가 없는지 확인하여 탄이 정상적으로 약실 안으로 들어갈 수 있는 상태를 점검한다. 이후 노리쇠를 보고 이물질이 없는지 확인하여 탄알집 안의 탄을 정상적으로 물고 약실 안으로 들어갈 수 있는 상태인지 점검한다.

〈사진 3〉 3포인트 체크 참고[3]

---

3) 출처 : OpenAI.(2025).Rifle 3Point(Chamber, Bolt, Magwell)[AI-generated image].ChatGPT.https://chat.openai.com

마지막으로 탄알집이 들어가는 **탄알집 삽입구**를 보고 이물질이 없는지 확인하여 이물질로 인해 탄알집이 제대로 결합이 되지 않거나 탄에 이물질이 묻어 기능고장이 나지 않도록 점검한다. 이때 노리쇠 후퇴고정을 한 뒤에 확인을 해도 되고, 노리쇠만 뒤로 당겨 확인한 뒤에 다시 전진시켜도 된다.

탄알집을 들어 탄이 삽탄이 정상적으로 되어 있는지와 발수에 따른 좌상탄인지 우상탄인지 확인을 한다. 그리고 탄알집 파지는 **비어캔 그립**Beer Can Grip을 권장하고 비어캔 그립으로 탄알집을 총기에 삽입 후 정확하게 삽입이 되었는지는 탄알집 바닥을 과도하게 치는 것이 아닌 삽입 시 잡은 손 그대로 탄알집을 살짝 당겨서 빠지는지 안 빠지는지만 확인을 하면 된다.

〈사진 4〉 **비어캔 그립**Beer Can Grip

〈사진 5〉 **권총 탄알집 파지 및 결합 예시**

이후 손을 올려 노리쇠 멈치는 손바닥으로 치는 것이 아니라 엄지로 정확하게 눌러서 노리쇠를 전진시켜서 장전을 시켜준다. 권총의 경우 검지를 세워 탄알집 앞쪽에 대고 하나의 기준점을 만들어 삽입하기 쉽게 한다.

왼손잡이의 경우 오른손으로 탄알집을 잡고 결합 후 오른손이 그대로 타고 올라가면서 오른손의 검지 또는 중지로 노리쇠 멈치를 눌러 노리쇠를 전진시켜 주거나 왼손 검지가 닿는다면 왼손 검지로 노리쇠 멈치를 눌러줘도 된다.

〈사진 6〉 왼손잡이 노리쇠 전진 두 가지 예시

노리쇠를 전진시켜 탄을 약실 안으로 넣었다면 노리쇠가 정상적으로 탄을 물고 장전이 되었는지 프레스 체크Press Check라는 장전 확인을 한다. 프레스 체크를 한 뒤에는 약실이 폐쇄가 되도록 노리쇠를 다시 끝까지 밀어준다. 권총의 경우 프레스 체크를 슬라이드의 앞·뒷부분을 각각 잡고 할 수 있으며 이때 앞부분을 할 때 손이 총구의 사선에 들어가지 않도록 주의하고, 슬라이드 후방을 잡았을 때는 너무 과도한 힘을 주어 슬라이드가 끝까지 후퇴하여 탄이 빠지거나 걸리지 않도록 주의한다. 야간 또는 저광도Low Light 상황에서는 육안으로 확인하기 어렵기 때문에 소총과 권총 모두 손가락을 넣어서 확인한다. 노리쇠가 탄을 물고 전진할 때 나는 소리는 탄을 물지 않고 전진할 때와 소리 자체가 다르기 때문에 숙련도와 상황에 따라서는 프레스 체크를 생략할 수도 있다.

〈사진 7〉 **프레스 체크**Press Check[4]

프레스 체크까지 완료되었고 만약 총기가 K계열의 총기가 아니라 AR-15계열[5]의 총기라면 탄피 배출구를 기타 이물질로 보호해줄 수 있는 뚜껑인 더스트 커버Dust Cover까지 닫아준다.

---

4) 출처 : OpenAI.(2025).rifle and pistol press check[AI-generated image].ChatGPT. https://chat.openai.com
5) AR(Armalite Rifle 또는 Automatic Rifle)-15를 베이스로 하여 대표적으로 M16, M4, MK18, SR15 등이 있다.

〈사진8〉 더스트 커버Dust Cover 열린 모습좌과 닫힌 모습우

주화기와 보조화기 둘 다 무장하는 전투원일 경우 보조화기부터 장전하여 홀스터에 결속하고 이어서 주화기를 장전한다. 추가로 도트사이트와 같은 광학장비가 있을 경우 이때 같이 이상이 없는지 점검을 진행하면 된다.

대한민국 군대의 훈련소를 경험한 일반적인 남성의 경우 장전하는 방법을 한 가지만 배웠을 것이다. 장전의 경우 대체로 세 가지 방법으로 나뉘지고 이는 개인의 선호에 따라 달라질 수 있다. 각각의 방법의 최초에 장전하는 방법 예시는 다음을 참고하면 되고 권총의 경우에도 원리는 동일하기 때문에 똑같이 진행하면 된다.

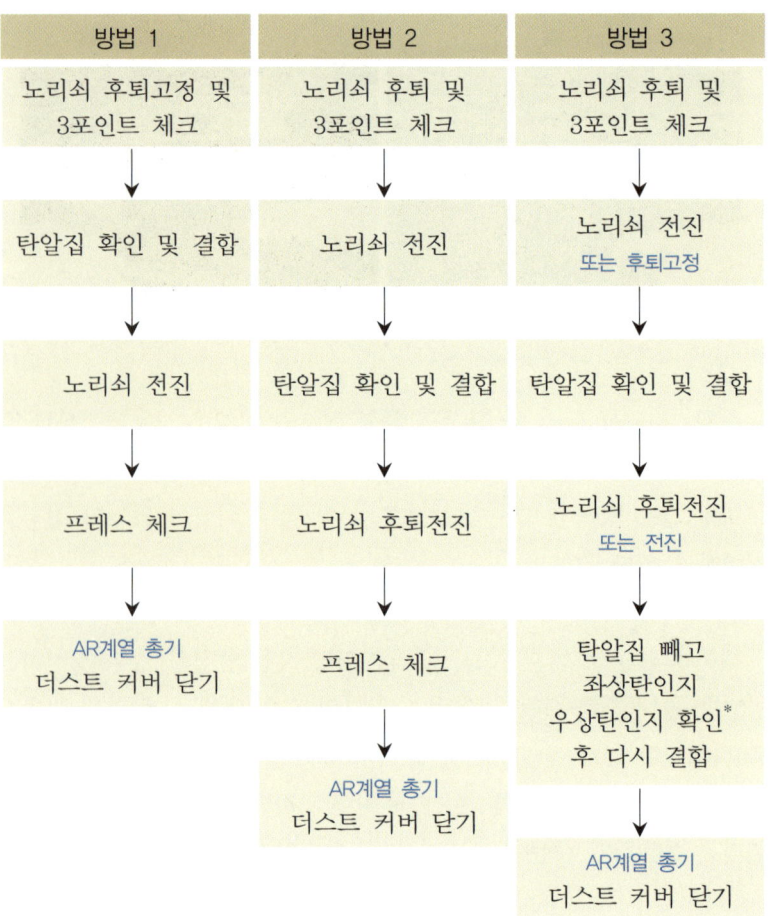

* 정상 장전시 결합 전 상탄의 반대

❏ **안전검사** Safety Check

사격이 끝나지 않았는데 주화기가 기능고장이 나거나 탄을 전부 소모했다면 보조화기로 전환을 하거나 재장전을 하겠지만, 사격이 종료되면 사수는 누가 안전검사를 하라고 통제할 때까지 기다리는 것이 아니라 스스로 안전검사를 해야 한다.

탄을 전부 소모해서 사격이 끝나면 사수는 노리쇠 후퇴고정이 된 것을 보고 탄알집을 제거 한 뒤에 약실을 보고 혹시나 약실 안에 탄피나 탄이 있지 않는지 육안으로 정확하게 확인을 한다. 이어서 노리쇠를 전진한 뒤에 표적의 방향에 공(空)격발을 하고 조정간을 안전으로 놓기 위해 노리쇠를 후퇴전진하고 조정간을 안전으로 하여 안전검사를 완료한다.

탄을 전부 소모하지 않은 상태에서 진행을 한다면 탄알집을 제거한 뒤에 탄알집에 탄이 남아있는 여부를 확인하고 노리쇠를 후퇴시켜 약실의 탄을 빼낸 뒤에 다시 전진시켜 표적을 향해 공(空)격발을 한다. 그리고 조정간을 안전에 놓기 위해 노리쇠를 후퇴전진하고 조정간을 안전에 놓는다.

안전검사를 할 때 흔히 공(空)격발 후 노리쇠를 2~3회 후퇴전진을 하는데 이는 비효율적이고 상식적으로 맞지 않다. 탄을 소진한 뒤에 안전검사는 말 그대로 탄이 없다는 것을 인식을 했고, 탄알집 제거한 뒤에 약실을 확인함으로 혹시나 모를 오발의 가능성을 없앴지만 그저 안전의 이유로 비효율을 강요한다면 그 사람은 이를 이해하지 못하고 총기의 기능과 구조도 모르는 사람이라고 생각해도 무방하다.

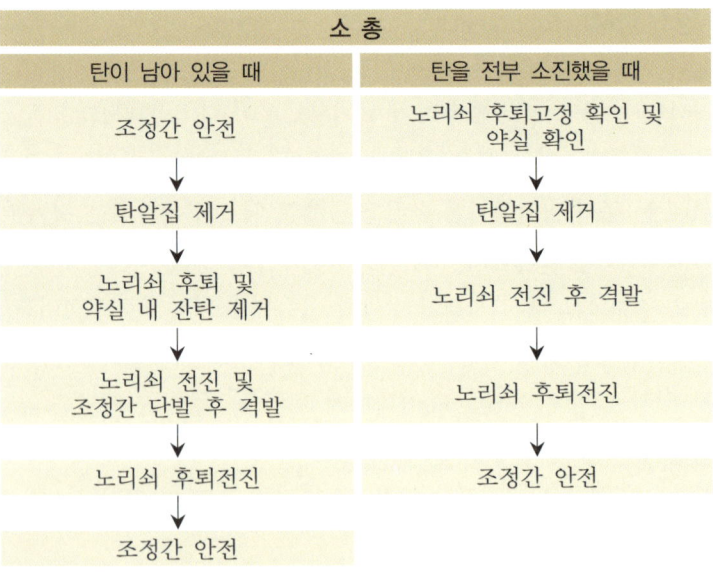

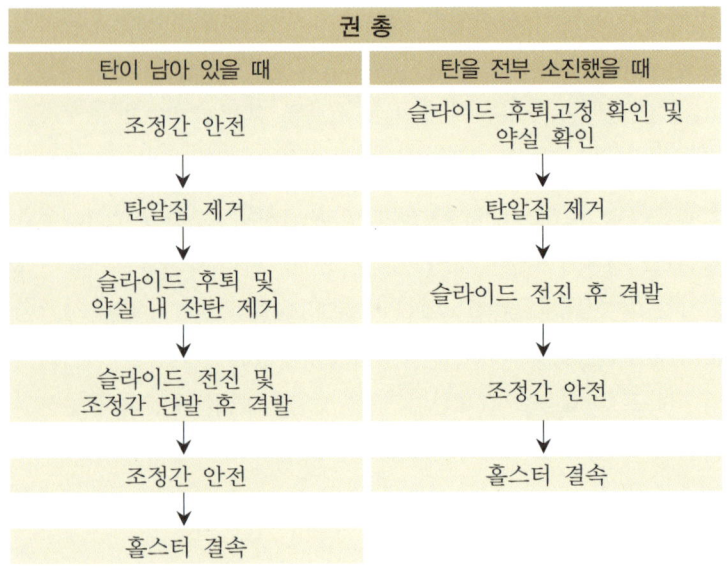

❑ 신속 재장전 Speed Reload

기존의 탄을 다 소모한 상태에서 새 탄알집으로 신속하게 교체하는 것으로 교전 등 급박한 상황에서 이름 그대로 빠르게 교체하고 장전해서 사격하는데 집중한 방법으로 사격유지를 목표로 한다. 사격을 지속해야 하기 때문에 다 쓴 탄알집은 그대로 버리거나 추후에 회수한다. 노리쇠 후퇴고정이 된 상태이기 때문에 평소 사격을 할 때 노리쇠가 후퇴고정이 되는 것을 느낄 수 있도록 훈련을 하고 K시리즈의 경우 필요시 장전손잡이가 후퇴고정이 된 것을 눈으로만 빠르게 확인할 수 있도록 한다.

 오른손잡이 기준으로 왼손으로 새로운 탄알집을 파우치에서 꺼내는 가운데 총기를 잡고 있는 오른손은 탄알집 멈치를 눌러 다 쓴 탄알집을 뺀다.

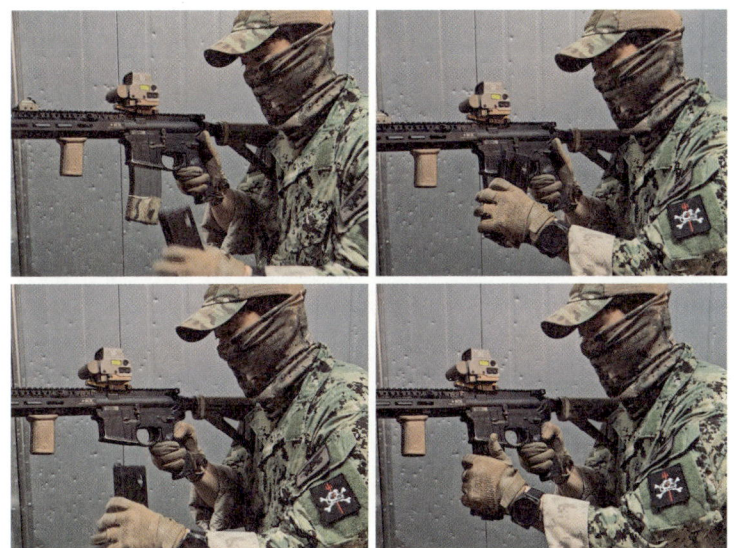

〈사진 9〉 빠지지 않는 탄알집 직접 빼는 예시

이때 탄알집 멈치를 눌렀을 때 중력에 의해 자동으로 아래로 탄알집이 떨어지는 것이 가장 이상적이지만 탄알집의 종류와 총기에 따라 탄알집이 중력에 의해 알아서 잘 빠지지 않는 것이 있고, 이물질로 인해 빠지지 않는 경우가 있기 때문에 탄알집을 직접 손으로 잡고 뺄 수도 있다.

왼손잡이의 경우 왼손으로 총기를 잡고 있는 가운데 오른손으로 탄알집 멈치를 눌러 탄알집이 빠지도록 하고, 이어서 새로운 탄알집을 빼서 삽입 및 노리쇠 전진을 해준다.

〈사진 10〉 왼손잡이 신속 재장전 예시

탄알집이 잘 빠지지 않는다면 직접 뽑는 것 말고 **플립**Flip을 할 수도 있다. 총기를 털 듯이 틀어서 탄알집을 털어내는 것으로 사수기준 안쪽이나 바깥쪽으로 할 수 있으며 이는 개인의 성향에 따라 하면 되지만 과도한 동작이 아닌 최소한의 동작으로 신속하고 간결하게 한다.

〈사진 11〉 플립Flip 예시

신속 재장전은 견착을 유지한 상태에서 하는 방법과 개머리판을 견착 지점에서 떼지 않고 하는 방법이 있다. 견착을 유지하냐 떼냐는 상황에 따라서 본인이 판단하여 더 효율적이고 유리한 것으로 사용하면 된다. 예를 들어 본인이 움직이고 있냐 없냐 또는 교전하는 적과의 거리나 지형지물에 따라 판단하여 사용한다.

견착을 유지하면서 신속 재장전을 하는 것은 최소한의 동작으로 재장전을 하여 상대적으로 빠르게 다시 사격을 할 수 있다. 신속하게 한 번에 탄알집 삽입구에 탄알집을 넣어야 하기 때문에 견착을 유지하더라도 시선은 표적을 보는 것이 아니라 총기를 살짝 틀어서 워크스페이스에서 탄알집 삽입구를 보면서 정확하게 넣는다.

〈사진 12〉 견착을 떼고 하는 신속 재장전좌과 견착을 유지한 신속 재장전우 예시

탄알집 삽입구를 안 보고 넣으면 거리감 등으로 실수할 확률이 높고 그 한 번의 실수가 매우 치명적이지만 탄알집 삽입구를 보는 것은 잠깐 일 뿐이고 눈은 생각보다 빠르다.

견착을 떼고 하는 신속 재장전은 워크스페이스에서 최초 장전하는 것처럼 개머리판을 겨드랑이에 고정해서 한다. 겨드랑이에 고정하면 상대적으로 총기의 무게에 대한 부담이 적다. 견착을 떼는 동작 간에 움직임으로 인해 탄알집이 자연스럽게 뽑히고, 워크스페이스를 유지한 상태에서 위치를 이동하거나 근접전투 상황에서는 본인의 위치를 아군과 바꾸는 등의 행동과 연계하여 사용할 수 있다는 특징이 있다.

신속 재장전은 급박한 상황에서 진행하는 조작인 만큼 급한 속도보다는 실수를 하지 않는 것이 중요하기 때문에 부드럽고 실수하지 않는 빠름으로 하는 것이 좋다. 탄알집이 한번에 탄알집 삽입구에 들어가지 못하거나 실수로 탄알집이 제대로 다 결합되기 전에 노리쇠 멈치를 급하게 눌러 약실에 탄이 들어가지 못하는 것은 굉장히 치명적이다. 그렇기 때문에 반복숙달을 통해 신체가 최단 경로로 움직이면서 쓸데없는 행동이 없게 하여 자연스러우면서 부드럽고 빠른 재장전을 할 수 있도록 한다. 그리고 이렇게 하기 위해서는 오로지 연습만이 답이며, 주간에도 무리없이 할 수 있게 숙달 되었다면 야간 또는 저광도 Low Light 상황에서도 무리없이 할 수 있도록 숙달해야 한다.

탄알집을 회수할 때는 교전이 끝나거나 어느 정도 소강상태에서 무방비하게 바로 줍는 것이 아니라 탄알집이 어디에 있는지 확인 한 뒤 준비자세 또는 사격을 즉각 할 수 있는 자세에서 위협이 있는 방향을 경계하면서 줍는다. 소총의 경우 개머리판을 겨드랑이에 넣고 하면 상대적으로 힘을 덜 써도 되는 장점이 있다. 그리고 위치가 만약 한 두 걸음 이동을 해야 한다면 이동을 한 뒤에 자세를 숙여 주울 수 있도록 한다.

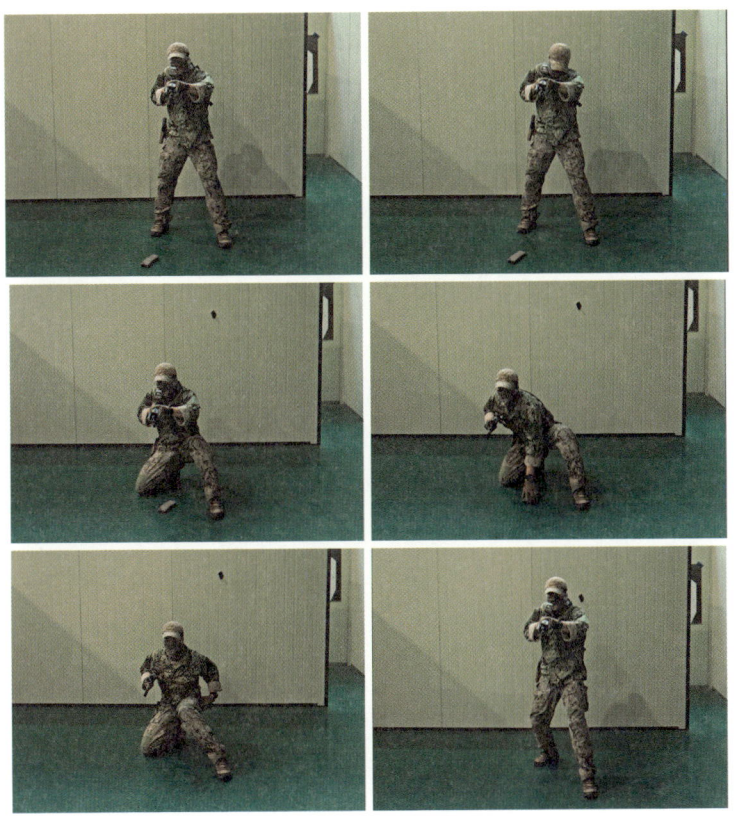

〈사진 13〉 바닥에 떨어진 탄알집 회수하는 예시

❏ 전술 재장전 Tactical Reload

작전이 이어지는 중간에 탄알집의 탄을 다 소모하지 않은 상태에서 새 탄알집으로 갈아주는 것으로 이때는 신속 재장전처럼 급박하지 않은 상태로 탄알집을 바닥에 떨어뜨리거나 버리는 것이 아닌 바로 파우치에 휴대한다. 교전 또는 사격 이후에 잔탄이 애매할 때 실시할 수 있으며 다음 교전이나 사격에 대비한다.

신속 재장전과 다르게 탄알집을 바닥에 떨어뜨리는 등의 소리 노출이 없어 탄알집의 탄을 소모했거나 재장전을 하는 상황을 적에게 노출하지 않을 수 있으며, 적지 등 탄알집 보급이 원활하게 이루어질 수 없는 상황일 때 탄알집을 아낄 수 있게 해준다.

야지에서 전투가 일어났고 상황을 타개한 뒤에 실시하거나 CQB상황에서 1개의 방 또는 1개의 상황에서 교전 이후에 이어서 진행하기 전에 전술 재장전을 실시할 수 있다. 이처럼 상황에 따라 여유가 될 때 안전구역에서 본인의 총기를 보면서 실시하고, 잔탄이 있는 탄알집은 버리지 않고 본인의 파우치에 넣어서 휴대를 하는데 이때 교체한 탄알집은 가장 나중에 쓰거나 상대적으로 가장 불편한 곳에 있는 파우치에 휴대하도록 하고 이 과정에서 파우치의 탄알집들의 위치를 조정할 수 있다. 그리고 약실에 탄이 들어있기 때문에 별도로 노리쇠를 조작할 필요는 없지만 확인을 하고 싶다면 가볍게 프레스 체크를 하듯이 확인하면 된다.

전술 재장전은 L자와 11자로 두 가지 방법이 있으며 두 방법 중 선택은 개인이 선호하는 방식으로 실시하면 되고, 두 방법 중 훈련한 방법 그대로 실전에서도 나올 수 있게 일관성을 가지고 해야 한다. 교체간 탄알집 삽입구가 워크 스페이스 안에 오도록 하여 정확하게 보고 정확하게 삽입하여 한 번에 할 수 있도록 한다.

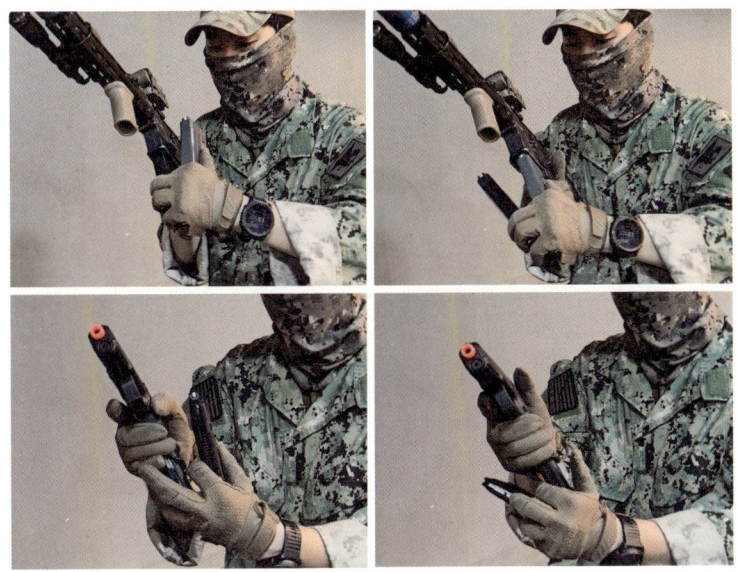

〈사진 14〉 소총 · 권총 전술 재장전11자 예시

소총의 경우 11자로 전술 재장전 시 탄알집을 파지하는 손의 검지를 탄알집들 사이에 물리게 해서 탄알집끼리 겹쳐지지 않도록 한다.

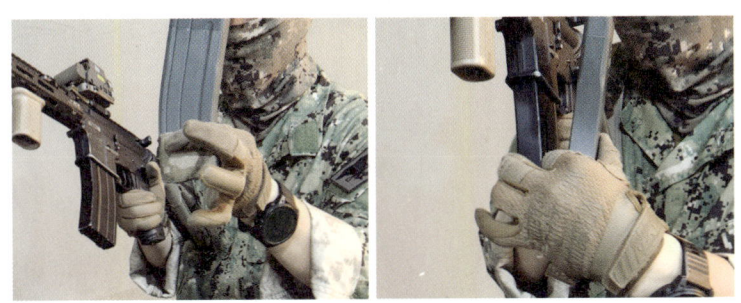

〈사진 15〉 소총 전술 재장전11자 손가락 참고

〈사진 16〉 소총·권총 전술 재장전 L자 예시

왼손잡이의 경우 11자나 L자를 할 필요 없이 오른손으로 탄알집 멈치를 누르면서 빈 탄알집을 잡고 뽑은 뒤에 파우치에 넣고 새로운 탄알집을 꺼내서 꽂아주는 방식으로 하면 된다.

step.3 사격준비

사격준비에서는 소총과 권총의 준비자세와 사격자세, 조준, 스캔 등을 소개한다. 준비자세의 경우 사격을 준비하거나 전술행동을 할 때의 대표적인 자세로 전투원이 총기를 컨트롤해서 쏘지 않을 것들에 대해 총구가 향하지 않도록 한다. 총기를 계속 조준하고 다닌다면 아군을 총구로 긁거나 내가 아군의 총구를 향하는 일이 빈번히 생길 수 있고 이 때문에 불필요한 행동의 제약이 많이 발생한다. 그리고 조준을 하고 다니면 시야를 가려 앞에 무슨 상황에 놓여 있는지 정확하기 인식하기 힘들 것이고, 팔이 피로해져 작전을 오래 지속하기 힘들 것이다. 이동 간 주변 시야를 넓게 보면서 위협을 먼저 찾아내기 위하거나 적이나 위협이 높다고 판단되는 곳에 즉각적인 반응을 하기 위하는 것이 준비자세를 하는 이유이기도 하다. 전투원은 작전 간 여러 상황에서 위협을 마주하게 되는데, 이 위협을 보고 순간적으로 판단해서 어떻게 대응을 할 것인지 결정을 잘해야 한다.

그리고 대응에 있어 사격을 해야 할 때 올바른 사격자세와 조준으로 사격을 하고, 스캔을 통해 상황을 지속적으로 판단하고 작전을 이어갈 수 있는 기본 능력을 갖추도록 한다.

☐ 소총 준비자세 Rifle Ready Position

- 하이포트 High Port
- 하이레디 High Ready
- 로우레디 Low Ready
- 인도어 로우레디 Indoor Low Ready
- 디프레스드 머즐 Depressed Muzzle

    사격 준비자세는 총구가 위로 향했냐 아래로 향했냐로 하이와 로우로 크게 두 가지로 구분할 수 있다. 사수가 조준을 했을 때 높이의 가상선에서 총구가 위로 향하면 하이High, 아래로 향하면 로우Low로 구분하면 된다. 하이/하이레디/하이캐리로 통칭하는 준비자세로는 하이포트와 하이레디가 있고, 로우/로우레디/로우캐리로 통칭하는 준비자세는 로우레디와 디프레스드 머즐, 인도어 로우레디, 로우포트가 있다.

    준비자세는 상황에 따라 맞춰서 효율적으로 사용하고 때로는 비언어적인 커뮤니케이션 수단으로도 사용할 수 있다. 예로 고지대로 올라가고 있거나 확인하지 않은 2층 이상의 건물들 또는 계단을 올라갈 때 등과 같이 적이 상대적으로 위쪽에서 나올 수 있는 상황이라면 로우Low로 이동을 하는 것보다 하이High 종류의 자세를 했을 때 대응을 할 때 총구의 동선이 효율적일 것이다. 반대로 저지대로 내려가고 있거나 계단을 내려가거나 등의 상황이라면 로우Low로 이동을 하는 것이 더 효율적일 수 있다. 그리고 이동간 상대적으로 위협이 높은 것이 나온다면 디프레스드 머즐을 통해 즉각 사격할 수 있는 자세를 함으로써 옆의 동료가 어디에 있는 어떤 것을 위협으로 판단했는지 눈으로 보기만 해도 알 수 있다. 이처럼 준비자세는 METT-TC를 고려한 상황에 따라서 적절하게 사용해야 한다.

하이포트High Port는 총구가 180° 위쪽인 완전 하늘 방향으로 향하는 준비자세로 보조손을 총열덮개나 레일, 수직손잡이가 있다면 수직손잡이를 잡고 있거나 아예 안 잡고 자유로운 상태로 있어도 된다. 총구가 완전 하늘방향으로 올라가 있어 대부분의 상황에서 내 총구가 아군을 겨누지 않기 때문에 좁거나 주변에 사람이 많은 상황에서 총구를 신경 쓰지 않고 전술행동을 할 수 있다는 장점이 있다. 그리고 한 손이 자유롭기에 무언가를 밀거나 당길 수 있고 잡을 수도 있다. 주변상황을 확인하기에도 편한 준비자세이며, 뛸 때도 한 손이 자유롭기에 흔들면서 뛰면 다른 준비자세들에 비해 편하다.

〈사진 1〉 소총 하이포트High Port

〈사진 2〉 소총 하이포트High Port로 주변 확인하는 예시

하이레디High Ready는 총구를 앞쪽으로 하는 자세와 광학장비가 붙는 부분이 내 몸에 붙인 자세로 두 가지가 있다. 총구가 위로 향한 상태에서 45°정도 앞으로 기울인 자세로 45°정도라고 해서 무조건 45°인 것은 아니고 이해를 돕기 위한 각도이며, 나보다 키가 큰 팀원이나 민간인 등이 있다면 총구를 올리거나 옆으로 치우는 등의 행위로 총구가 위협이 아닌 대상을 긁지 않도록 한다.

총구는 모두 사수의 시야, 즉 워크스페이스 안에 들어와 있으면서 총구를 항상 통제할 수 있도록 한다. 총구가 과도하게 올라간다면 개머리판을 넣는 팔꿈치를 벌려 개머리판을 더 넣어도 된다. 그리고 하이레디의 근접한 적에 대해서 펀칭을 할 수 있는데, 총구로 때리는 머즐 스트라이크Muzzle Strike와 탄알집 부분으로 펀칭을 하는 것으로 상황에 따라 효율적으로 사용하면 된다.

〈사진 3〉 소총 하이레디 High Ready

로우레디 Low Ready는 총구가 아래로 향한 자세로 하이레디와 마찬가지로 조준한 상태에서 총구를 아래로 45°정도 내린 자세라고 생각하면 된다. 하이레디와 동일하게 각도는 이해를 돕기 위한 것으로 상황에 따라서 다르게 할 수 있다.

예로 언노운들이 많은 상황에서 총구를 더 아래로 내려서 총구가 향하지 않도록 하고, 총구를 아래로 많이 내린만큼 올릴 때 동선과 시간이 소요되므로 그때 PID[6]를 하면서 제동거리를 길게 만들어 실수로 쏘지 않도록 할 수도 있다.

---

6) PID(Positive Identification) : 표적식별 또는 신원확인을 의미

〈사진 4〉 소총 로우레디 Low Ready 예시

인도어 로우레디 Indoor Low Ready는 총구를 바닥쪽으로 향하게 하면서 개머리판은 견착되는 지점인 인덱스 포인트 근처에 위치시킨 자세다. 사람이 많거나 좁은 실내 등에서 지나갈 때 총구를 크게 신경쓰지 않도록 하고 이때는 총열을 잡은 보조손이 왼손이라고 하면 왼손의 손등을 왼쪽 다리 허벅지와 골반이 이어지는 지점에 놔두면 총구가 사수의 다리를 긁지 않으면서 바닥으로 향해 총구를 통제하기 용이하다. 야외에서 총을 들고 이동할 때 많이 사용하는 자세이기도 하고 뛰어야 할 때 총을 잡은 그대로 팔을 흔들면서 뛰면 빠르게 뛸 수도 있다.

〈사진 5〉 소총 인도어 로우레디 Indoor Low Ready

디프레스드 머즐Depressed Muzzle은 조준한 상태에서 총구Muzzle만 조금 아래로 내려Depressed 조준장치가 아닌 조준장치의 상단으로 시야를 확보하는 자세다. 조준장치가 아닌 조준장치의 상단을 통해 상대적으로 넓은 시야로 상황인식을 하고 위협이 나타난다면 빠르게 사격을 할 수 있다는 장점이 있지만 오랫동안 유지하면 체력적인 피로도가 상대적으로 높다는 단점도 있다. 그리고 위협이 높다고 판단하는 것에 대해서 능동적으로 디프레스드 머즐 자세를 취할 수 있고, 이때 디프레스드 머즐 자세를 한다면 옆의 동료는 디프레스드 머즐 자세와 총구가 어디로 향하고 있는 것을 보고 청각적인 신호 전달없이 위협을 어느정도 인지할 수 있다.

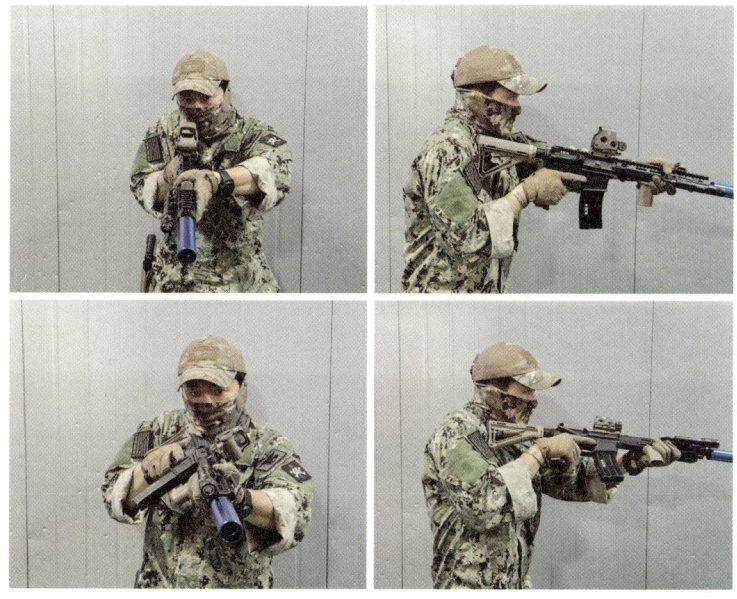

〈사진 6〉 소총 디프레스드 머즐Depressed Muzzle

디프레스드 머즐은 총구만 아래로 내린 방식과 총구를 아래로 내리지 않고 사수의 몸쪽으로 조준장치가 향하도록 총을 기울인 방식으로 크게 두 가지로 나눠진다.

디프레스드 머즐은 두 가지 방식 모두 개머리판에 접용점을 댄 상태에서 고개를 좌·우로 움직여 시야를 확인할 수 있어야 한다는 공통점이 있다. 그리고 조준한 상태보다 더 확실하게 보면서 즉각 사격도 되어야 하기 때문에 필요시 PID를 위해 조금 더 내리는 등의 시야 확보를 할 수도 있다. 그렇기 때문에 상황에 따른 적절한 밸런스를 찾아서 행동할 수 있어야 한다.

소총 준비자세에서도 하이포트의 반대로 총구가 완전히 바닥으로 향하는 로우포트Low Port가 있지만 어렵지 않기 때문에 해당 책에서는 별도로 다루진 않는다.

하이와 로우의 자세들은 아군의 신체를 총구로 긁는 스위핑의 범위가 다르기 때문에 총구를 움직일 때도 이를 고려해서 움직여야 한다.

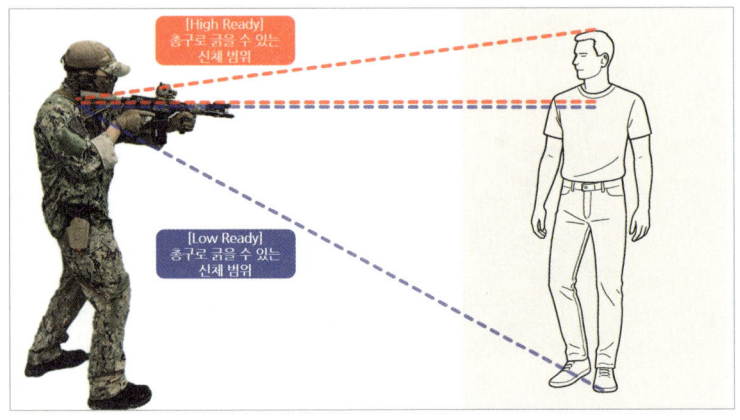

〈사진 7〉 하이High와 로우Low에 따른 신체 스위핑 범위 예시

한 가지 예로 조준이나 경계 등으로 총구를 올리고 있는 상태에서 아군이 가까이에서 사선으로 들어오는 등의 행위가 있다면 내리는 것보다 올려서 피하는 것이 일반적으로 총구동선의 효율과 로우로 내리면서 아군의 몸을 긁을 수 있는 확률을 피할 수 있다.

하이의 경우 긁을 수 있는 신체 범위가 로우에 비해 적지만 긁을 때 오발 등이 난다면 머리와 같은 중요한 부분이기 때문에 굉장히 치명적이다. 반대로 로우의 경우 하이보다 긁을 수 있는 신체 범위가 넓지만 중요 장기가 있는 부분을 제외하고는 상대적으로 치명적인 것이 덜할 수 있다.

❏ 권총 준비자세 Pistol Ready Position

- 하이포트 High Port / 템플 인덱스 Temple Index
- 하이레디 High Ready
- 포지션 술 Position Sul
- 컴프레스드 레디 Compressed Ready
- 로우포트 Low Port

하이포트 High Port 또는 템플 인덱스 Temple Index 라고 하는 권총의 준비자세는 소총의 하이포트와 동일하고, 상황에 따라 보조손이 자유롭기 때문에 전술상황에서 여러 이점이 있다.

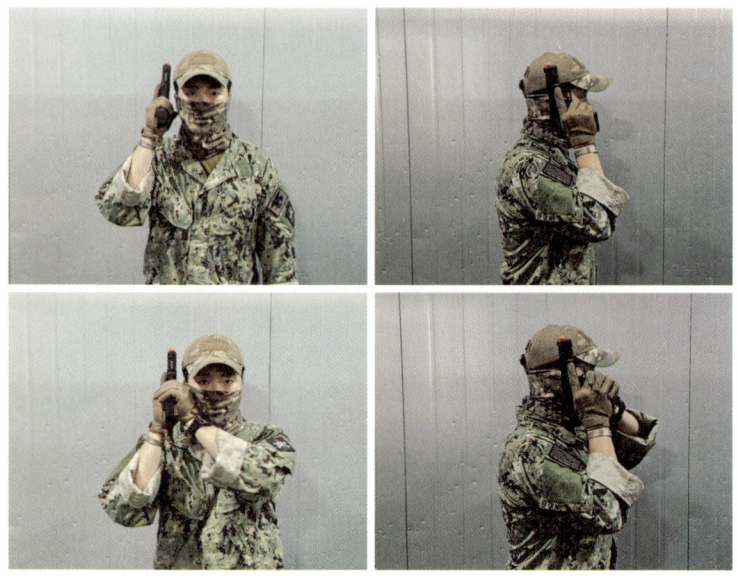

〈사진 8〉 권총 하이포트 High Port / 템플 인덱스 Temple Index

하이레디High Ready는 소총과 마찬가지로 총구가 위로 향한 상태에서 45°정도 앞으로 기울이고 총구와 가늠쇠를 눈높이에 둔 자세다.

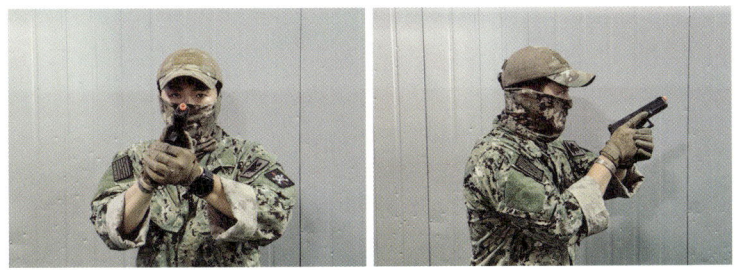

〈사진 9〉 **권총 하이레디**High Ready

포지션 술Position Sul은 명치 근처에서 보조손은 펴서 몸에 붙이고 그 위로 권총을 위치시켜 총구를 아래로 향하게 한 자세로 몸 앞에 총기를 가까이 두고 근접한 아군이나 언노운을 겨누는 것을 막기 위해 총구를 바닥으로 튼 자세로 보조손은 무조건 몸에 붙이지 않고 사용할 수도 있다.

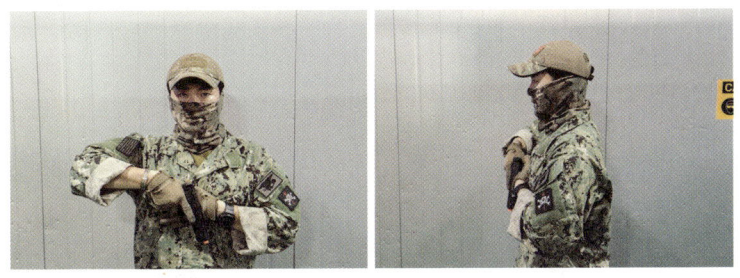

〈사진 10〉 **권총 포지션 술**Position Sul

컴프레스드 레디Compressed Ready는 조준한 자세에서 총을 몸쪽으로 당긴 상태의 자세로 총을 뻗지 못하는 좁은 공간 등에서 확인을 할 때 사용을 할 수 있다. 좁은 공간이 되는 화장실 대변칸이나 옷장 등 확인할 때 사용을 할 수 있고 이때 보조손이 문을 열어 확인을 하는 등의 행위를 할 수 있다.

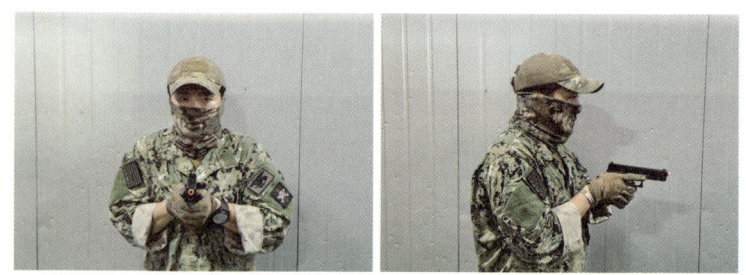

〈사진 11〉 권총 컴프레스드 레디 Compressed Ready

컴프레스드 레디는 양손으로 파지한 상태에서는 이동중이거나 움직임이 있을 때 넘어지면서 스스로에게 쏠 수 있는 위험이 있다. 〈사진 12〉처럼 총열이 머리 바로 아래에 있고 인체 구조상 넘어지면 총구가 그대로 위로 향하기 쉽기 때문에 어깨라인으로 옆으로 옮겨 총구가 위로 움직이더라도 머리가 선상에 있지 않게 한다. 또는 한손으로만 파지하거나 양손으로 파지한 상태에서는 총기를 옆으로 살짝 기울여주면 넘어지더라도 기울인 상태 그대로 바닥을 짚기 때문에 총구가 머리로 향하지 않을 수 있다.

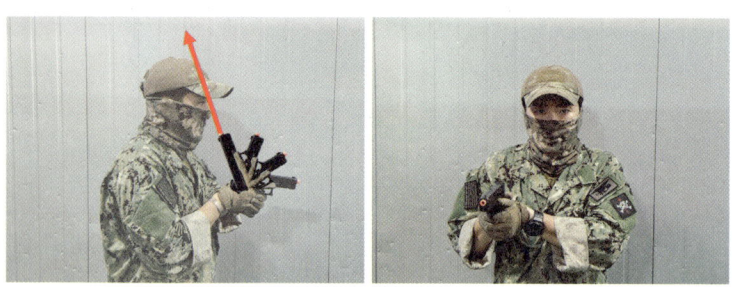

〈사진 12〉 권총 컴프레스드 레디 Compressed Ready **자세 주의사항**

로우포트Low Port는 하이포트의 반대로 총구가 바닥으로 향한 자세다. 주변에 아군과 언노운 등이 많은 상태에서 하이포트와 마찬가지로 총구가 이들을 향하지 않게 하면서 전술행동을 할 수 있게 하고, 상황에 따라 보조손이 자유롭기 때문에 전술상황에서 여러 이점이 있다.

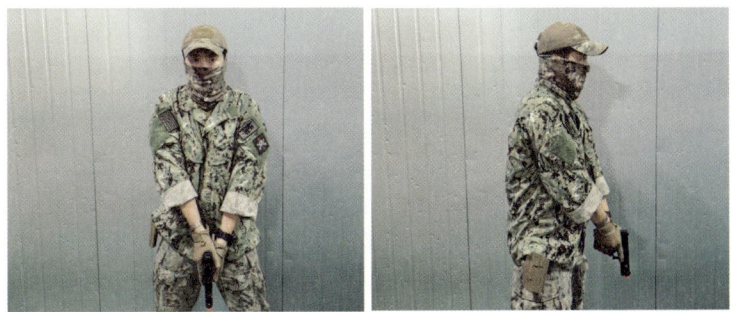

〈사진 13〉 **권총 로우포트**Low Port

❏ 스탠스 Shooting Stance

축구나 농구, 복싱이나 태권도, 유도 등과 같은 운동을 할 때 안정적인 하체는 중요하다. 안정적인 하체는 사격에서도 마찬가지로 중요한데, 특히 사격 반동과 여러 발의 탄을 원하는 곳에 안정적으로 빠르고 정확하게 사격하기 위한 토대라고 할 수도 있다. 사격을 할 때 스탠스를 안정적이지 않게 그저 어깨 넓이로만 벌린 경우가 있는데, 이는 앞·뒤로 몸이 잘 흔들리고 사격 간 반동을 안정적으로 통제하지 못한다. 그렇기 때문에 발을 벌린 만큼 사각형을 생기고 그만큼 안정적이라는 생각을 하면서 한쪽 발은 좁게도 그렇다고 너무 멀리 빼지 않은 적당히 빼서 안정적인 스탠스를 잡는다. 불편한 자세는 상황인식과 판단을 방해하기 때문에 편한 자세를 할 수 있도록 하고, 쓸데없는 긴장을 없애고 자연스럽지만 견고한 자세를 잡는다. 이러한 안정적인 자세를 운동자세 Athletic Stance라고 한다.

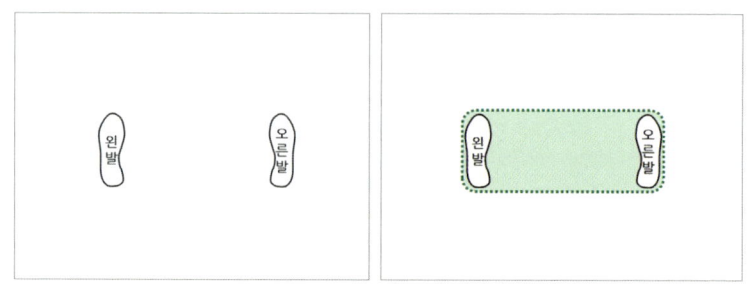

〈사진 14〉 안정적이지 않은 발 넓이 예시

뒤로 뺀 발의 끝이 향하는 방향으로 골반이 열리면서 상체의 방탄판이 자연스레 뒤쪽 발의 끝이 향하는 방향으로 향하게 된다. 위협의 방향은 총구의 방향이기 때문에 방탄판이 총구가 향하는 정면으로 향할 수 있도록 무릎과 골반을 틀어서 상체의 방탄판이 정면을 향할 수 있도록 한다.

〈사진 15〉 안정적인 발 넓이와 운동자세Athletic Stance 예시

사격자세에서 명심해야 되는 것은 하체는 자세를 위해 상체는 사격을 위한 것이다.[7]

---

7) NRA Instructor Jayden Jaeyoun Jung

❏ 파지Grip

- 소총 파지 : C-Clamp / C Grip
- 소총 파지 : 풀 그립Full Grip
- 소총 파지 : 맥웰 그립Magwell Grip
- 권총 파지 : 썸 포워드 그립Thumbs Forward Grip

 소총의 파지에서 보조손의 위치에 따라 총구 통제력의 영향을 알고 있어야 한다. 보조손의 위치가 몸에 가까우면 총을 들고 오래 유지하기 상대적으로 편하지만 총구 통제와 반동제어가 상대적으로 떨어진다. 반면에 보조손의 위치가 총구에 가까우면 상대적으로 오래 유지하기 불편하고, 총구 통제 및 반동제어가 상대적으로 높아진다. 그렇기 때문에 기동사격이나 의탁물의 유·무 등 상황에 따라서 보조손의 위치를 판단해서 유리하게 해야 한다.

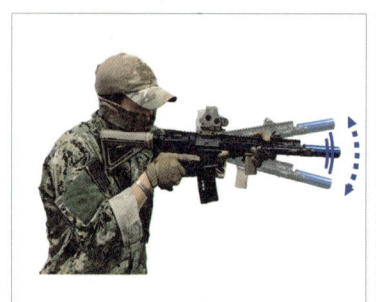 

〈사진 16〉 보조손 위치에 따른 총구 통제력 참고

 C-Clamp 또는 편하게 C-Grip이하 C그립이라고 하는 현대에서 흔히 볼 수 있는 소총의 파지는 보조손의 모습이 알파벳 C모양으로 잡는 모양이라 C그립이라고 하기도 한다. C그립은 총구 통제와 반동제어에

용이한 자세로 총기 운용의 유연성이 높다는 장점이 있다. 보조손을 총구와 가까운 곳에 잡고 직관적으로 조작해서 사격 간 반동을 제어하고, 전술행동 간 다수의 표적을 상대하거나 주변을 스캔할 때 자연스럽게 총구를 움직일 수 있다.

〈사진 17〉 C그립 예시위와 잘못된 C그립 예시아래

C그립을 잡는다고 보조손의 팔을 과도하게 펴서 총열을 잡거나 팔꿈치를 과도하게 올리지 않도록 한다. 총구 가까이에 파지를 하지만 개인의 신체와 총기에 따라 유연하게 적용하고, 총열이 있는 레일의 가운데 위치에 잡기만해도 충분하다. 그리고 C그립은 표적지시기나 웨폰라이트를 운용할 때 총기 상단 레일에 본체나 스위치를 세팅하기 때문에 엄지를 이용해서 조작이 편리한 파지기도 하다. C그립은 수직손잡이나 앵글그립, 핸드스탑 등이 달려있을 때도 응용해서 사용이 가능하다.

풀 그립 Full Grip은 수직손잡이Vertical를 말 그대로 풀Full로 잡는 방법으로 전술상황에서는 C그립으로 일부 변형해서 많이 사용하기도 한다. 편하게 사격할 수 있고 상대적으로 체력 소모가 적은 파지기도 하기 때문에 C그립으로 있다가 경계 등 어느정도 시간을 두고 대기를 할 때 풀 그립으로 바꿔서 하기도 한다. 단점으로는 상대적으로 총기가 좌·우로 흔들릴 수 있다.

〈사진 18〉 풀 그립Full Grip 예시

〈사진 19〉 풀 그립Full Grip 좌·우로 흔들리는 예시

맥웰 그립 Magwell Grip은 탄알집 삽입구Magwell를 잡는 방식으로 탄알집 삽입구가 아닌 탄알집을 잡으면 총기와 탄알집에 따라 기능고장 발생의 위험이 있기에 주의해야 한다.

〈사진 20〉 맥웰 그립Magwell Grip 예시

〈사진 21〉 탄알집에 간섭이 있는 맥웰 그립Magwell Grip 예시

훈련 간 사격이 평가에만 치중되어 초탄 명중에만 집중하고 2발 이상 넘어가는 사격을 고려하지 않은 파지를 생각보다 쉽게 볼 수 있다. 사격은 항상 전투상황을 고려해서 해야 한다.

권총 파지는 권총의 탱Tang 또는 비버테일Beaver Tail이라고 하는 부분에 주손의 엄지와 검지 사이 Y자 홈에 정확하고 빈틈없이 밀착한다. 가능한 높고 빈 공간 없이 밀착하되 권총의 슬라이드가 움직일 때 영향이 가지 않도록 한다.

권총을 파지할 때 주손은 스트롱 사이드Strong Side, 보조손은 서포트 사이드Support Side라고 한다. 주손은 권총의 슬라이드가 움직일 때 발생하는 반동을 가능한 효과적으로 잡기 위해 높게 잡기 때문에 그립이 중요하다.

〈사진 22〉 권총 탱Tang / 비버테일Beaver Tail

권총은 썸 포워드 그립Thumbs Forward Grip을 쉽게 할 수 있다. 자연스럽게 손에 익을 수 있으면서 팔에 힘을 덜 들이고도 튼튼하게 잡을 수 있도록 한다. 주손은 탱을 빈틈없이 잡아주고 보조손은 권총 손잡이 부분 비는 곳을 잡고 양손으로 파지한다.

사격 간 권총의 파지는 사수 본인 악력의 70~80%정도로 잡아주면 좋다. 이렇게 파지했을 때 주손은 위·아래, 보조손은 좌·우를 통제한다고 생각하면 되고, 직관적으로 보조손의 엄지가 겨누는 쪽을 조준하는 느낌으로 조준을 한다.

권총의 파지는 그냥 사격할 때의 파지와 홀스터에서 권총을 뽑아서 사격 할 때의 파지가 다른 경우를 흔히 볼 수 있다. 그냥 사격을 할 때는 잘 맞추는 것에 초점을 두어 최대한 완벽한 파지를 한 상태에서 사격을 하지만 여기서만 끝내는 것이 아니라, 권총의 목적을 생각 했을 때 권총은 홀스터에서 뽑아서 바로 사용하는 경우가 대부분이기 때문에 홀스터에서 뽑았을 때 파지가 다르지 않고 동일하게 할 수 있도록 훈련을 해야 한다.

최종적으로는 홀스터에서 권총을 뽑을 때의 파지로 정확하고 빠른 사격을 할 수 있도록 해야 한다.

〈사진 23〉 썸 포워드 그립Thumbs Forward Grip

❏ 견착과 반동제어 Shoulder and Recoil Management

소총의 개머리판이 몸에 견착 되는 지점은 인덱스 포인트Index Point라고 한다. 이 지점은 개인의 신체적인 차이와 착용하는 장구류나 사격술에 따라 조금씩 다를 수 있다. 준비자세 등에서 개머리판을 인덱스 포인트 근처에 위치시켜 상황 발생 시 빠른 사격을 할 수 있도록 하기도 한다.

〈사진 24〉 인덱스 포인트Index Point

견착을 한 뒤 총기를 파지한 보조손으로 총기를 몸쪽으로 당겨서 고정을 하고, 견착하는 어깨는 앞쪽을 어깨로 친다 생각을 하면서 앞으로 밀어 상체의 방탄판이 정면으로 향하도록 한다.

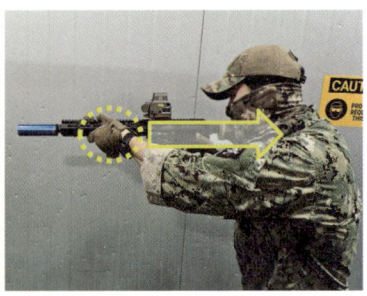

〈사진 25〉 견착 예시

이때 총기를 과도하게 몸쪽으로 당겨서 견착하는 어깨가 빠지거나 하면 안 된다. 또는 보조손을 과도하게 뻗어 몸이 정면을 향하지 못하고 어깨가 빠져 제대로 견착이 되지 않는 것도 주의한다. 보조손은 총기를 적당히 당겨 개머리판이 몸과 수직으로 맞닿게 하여 사격 시 반동이 개머리판을 통해 직후방으로 올 수 있도록 한다.

〈사진 26〉 제대로 된 견착좌과 어깨가 뒤로 빠진 견착우

견착을 했을 때 팔꿈치가 위로 들리는 일명 치킨윙Chicken Wing이 되지 않도록 양팔의 팔꿈치를 몸에 붙여서 모아준다.

〈사진 27〉 치킨윙Chicken Wing 예시

총기의 반동을 잡고 사격의 정확성을 올리기 위한 방법은 크게 두 가지로 구분 된다.

첫 번째는 총기를 강하지 파지하여 반동으로 흔들리는 것을 최소화하는 것으로, 사수의 체력적 여유가 있으면서 단시간에 정확하고 빠른 연사가 필요할 시 사용할 수 있는 방법이기도 하다. 사격 시간이 길어지거나 체력적 여유가 떨어지면 정확한 사격이 안 되거나 쏘더라도 채는 등의 영향이 있을 수 있다.

두 번째는 총기를 강하게 파지하지 않고 적당히 파지한 상태로 자연스럽게 반동을 흘리고 조준을 회복하는 방법으로, 너무 긴장한 상태로 총기를 꽉 잡으면 사격 간 챌 수 있다. 반동으로 올라오는 것을 억지로 잡아주는 것이 아니라 자연스럽게 놔주고 조준선을 내리면서 다시 재조준해서 사격을 하며, 이때 팔은 딱딱하게 꽉 잡는 것이 아닌 스프링처럼 어느 정도 부드럽게 해준다. 숙달이 되고 템포가 빨라지면 단발로 빠른 연속사로도 높은 집탄율이 가능하다.

☐ 조정간 조작 Selector Control

조준을 하든 준비자세를 하든 총을 잡고 있는 상태라면 조정간이 안전일 때는 특별한 상황을 제외하고는 엄지손가락이 조정간에 항상 올라가 있어야 한다. 그리고 사격이 종료되고 위협에 대해 이어지는 사격이 없다면 조정간을 안전으로 한다.

한국군의 K계열의 총기를 사용하는 전투원을 보면 주손의 엄지가 아닌 보조손으로 조정간을 안전으로 돌리거나 주손의 중지로 안전으로 돌리는 경우를 쉽게 볼 수 있다. CQB와 같이 근접전투 상황의 경우 조정간을 안전과 단발을 자주 왔다갔다 해야 하며, 심지어 안전으로 돌리는 와중에 다시 사격을 해야 되는 경우도 발생할 수 있고, 이때 오발의 위험도 있기 때문에 빠르고 정확한 사격을 위해 필자는 조정간을 안전으로 돌릴 때는 주손의 엄지로 돌리는 것을 강조한다.

〈사진 28〉 권장하지 않는 조정간 안전으로 돌리는 예시

일반적인 AR계열의 총기는 손쉽게 안전으로 돌릴 수 있다. K계열의 경우 손잡이의 각도와 조정간까지의 거리로 인해 단발에서 안전으로 돌리는 것이 쉽지 않다. 그래서 한번에 돌리기 보다는 동작을 나눠서 돌리면 쉽게 돌려진다.

먼저 주손의 엄지를 조정간에 더 가까이 갈 수 있도록 총기를 몸쪽으로 비틀어 준다.

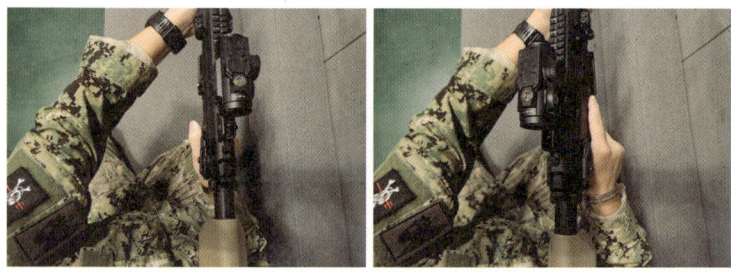

〈사진 29〉 총기를 몸쪽으로 비틀어 준 모습우

그 다음 주손의 엄지를 조정간의 솟아오른 곳에 걸어준다.

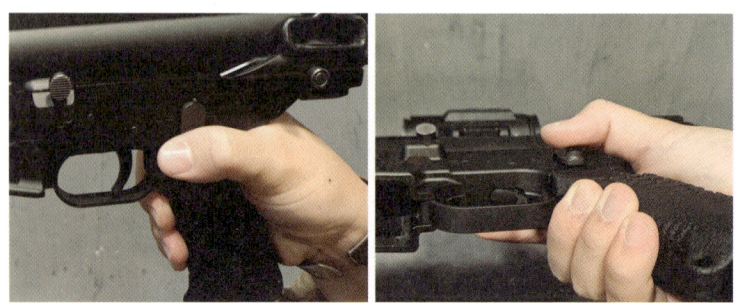

〈사진 30〉 조정간의 솟아오른 곳에 엄지를 건 모습

조정간을 안전으로 한번에 돌릴 수 있다면 돌리고, 그렇지 않다면 단발과 안전 사이까지로만 돌린 뒤에 엄지를 풀어 조정간의 아래로 넣어 안전으로 마저 돌려준다.

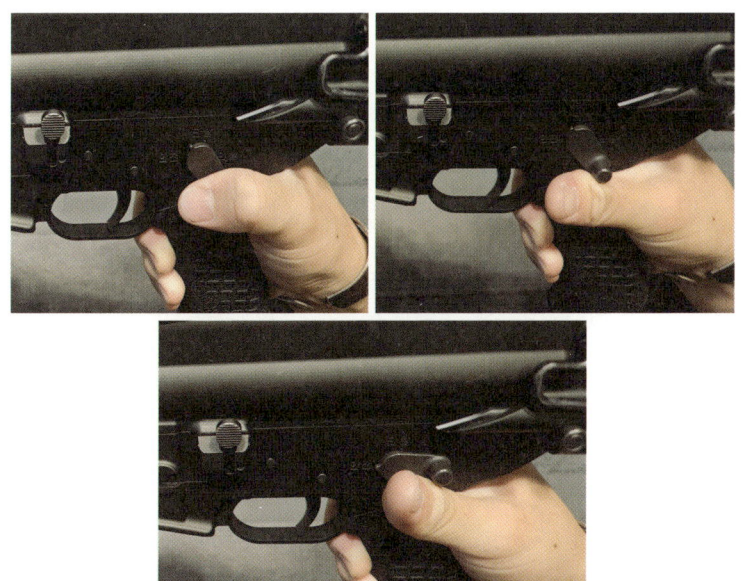

〈사진 31〉 조정간을 안전으로 돌리는 모습

당신이 전투원이라면 조정간을 단발에서 안전으로 돌릴 때 맞닿는 엄지손가락의 관절 부분에 굳은살이 있는가? 그렇지 않다면 지금 당장 총을 꺼내서 매일 Drt Fire 훈련을 하자.

☐ 조준과 트리거 리셋 Aiming and Trigger Reset

총기가 표적을 지향하게 만드는 조준은 단순히 표적만 조준만 하는 것이 아니라 다른 요인들도 고려해서 조준을 해야 한다. 먼저 탄이 나가는 총구와 사수가 사용하는 조준장치는 높이 차이가 있으며 이를 차이가 있다고 하여 오프셋 Off-Set이라고도 한다. 이 차이를 고려하면서 함께 생각해야 하는 것이 탄도이다. 총은 그대로 직진으로만 나아가는 레이저가 아니다. 탄도에 의해 포물선을 그리기 때문에 총과 표적과의 거리를 고려해야 한다.

그리고 오프셋이 중요한 이유 중에 하나가 또 사수가 보는 조준선의 시야가 실제 탄이 나가는 총열축선보다 위에 있기 때문에 시야로는 방해물이 없는 것으로 보이지만 실제로는 바리케이드에 막히는 등의 문제가 있을 수 있기 때문에 이를 인지하고 해야 한다.

조준을 할 때는 한 쪽 눈만 감는 것이 아니라 두 눈을 모두 뜬 양안으로 조준 및 사격을 할 수 있도록 한다. 실제 전투환경에서의 위협은 사격장에서처럼 단일 표적만 있는 것이 아니기 때문에 여러 위협을 계속해서 찾고, 다중위협에 대해 사격 간 타겟전환을 하기 위해서도 필수적이다. 그리고 항상 사격만을 생각하는 것이 아니라 해당 상황을 파악하고 판단할 수 있도록 하기 위해서는 우선 시각적인 정보를 받아들여야 하기 때문에 중요하다.

표적과의 거리와 오프셋에 따라서 오조준을 할 수 있어야 하고 이때 오조준은 크게 홀드 오버 Hold Over와 홀드 다운 Hold Down 두 가지로 나뉜다.

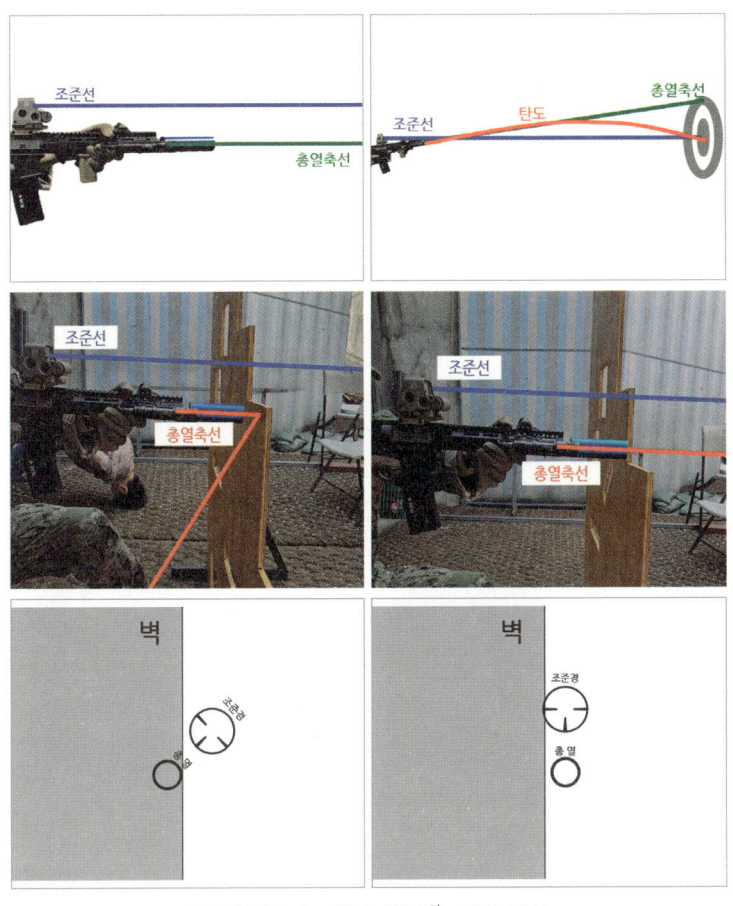

〈사진 32〉 오프셋과 탄도[8] 주의 예시

---

[8] 탄이 멀리 날아갈 수 있도록 총기의 총열축선이 하늘 방향으로 향하게 해서 조준선과 겹쳐지도록 설계되었고 이 지점이 바로 영점(Zeroing)이다. 총열축선이 하늘 방향으로 향하게 하는 것은 가늠자/가늠쇠 기준으로 가늠자를 가늠쇠보다 높게 하여 미세하게 총구가 하늘 방향으로 향하게 함.

제1장 사격 61

홀드 오버Hold Over는 맞추고 싶은 지점보다 조준점을 올려서 조준하고, 홀드 다운Hold Down은 맞추고 싶은 지점보다 조준점을 내려서 조준하는 것이다.

트리거 리셋Trigger Reset은 총기의 트리거방아쇠가 격발 직전이 되는 지점으로 방아쇠를 당긴 뒤 천천히 손가락의 힘을 풀면 딸깍 하는 소리와 함께 걸리는 지점이다.

트리거 리셋 지점을 정확하게 인식하는 것이 중요한데 빈총으로 먼저 확인이 가능하다. 방아쇠를 당겨 격발한 뒤 바로 방아쇠를 푸는 것이 아니라 거기서 노리쇠 후퇴전진을 한 뒤 손가락에 힘을 천천히 풀면 딸깍거리는 소리와 함께 트리거 리셋이 되는 지점을 확인할 수 있다.

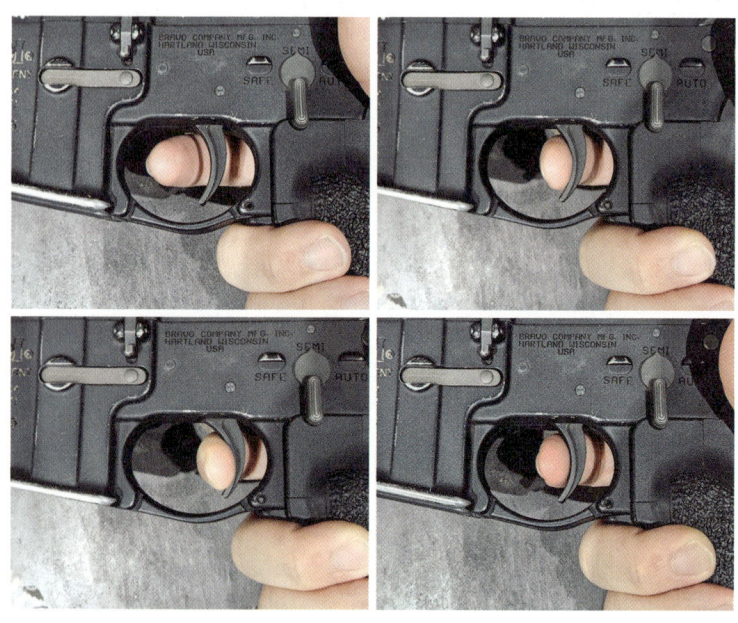

〈사진 33〉 트리거 리셋Trigger Reset 예시

추가로 그 지점에서 방아쇠의 손가락이 벽을 느낄 수 있을 것인데, 일정한 힘을 주어 그 벽을 밀면 격발이 되기 때문에 트리거 리셋을 월Wall이라고 표현하기도 한다. 트리거 리셋을 훈련할 때 벽을 만났을 때 얼만큼 당겨야 격발이 되는지 정확하게 인지할 만큼 훈련을 하는 것이 좋다.

트리거 리셋이 중요한 이유는 손가락을 방아쇠에서 다 떼지 않고 이어서 다음 탄을 쏠 수 있고, 이는 손가락을 다 뗀 것보다 방아쇠의 작동거리가 짧아지기 때문에 총구의 흔들림과 다음 격발까지 시간적 차이를 줄일 수 있어 명중률과 연사속도가 좋다. 그리고 30발 넘는 사격을 연속으로 하게 된다면 전완근의 피로가 상당하기 때문에 이를 줄이는 것에도 좋다. 그렇기 때문에 단발로 정확하고 빠른 연속사격을 할 때 필수적인 기술이기도 하기 때문에 1발을 쏘더라도 트리거 리셋을 해야 한다.

반자동인 소총과 권총에는 모두 적용할 수 있다. 그래서 사격 시 격발 후 반동을 흘리고 다시 조준을 하는 과정 중에 트리거 리셋도 함께 이루어져야 한다.

트리거 리셋을 하다보면 리셋지점까지 방아쇠를 푸는 가운데 다시 재격발이 되는 현상이 있는데, 이는 '공이치기 못 구멍'이나 '방아쇠 못 구멍'이 확장되거나 파손되면 자주 일어나는 현상으로 즉각 정비를 맡겨야 한다.

❏ 사격 자세들 Shooting Positions

- 서서쏴 Standing
- 신속 무릎쏴 Speed Kneeling
- 무릎쏴 Kneeling
- 앉아쏴 Sitting
- 엎드려쏴 Prone

서서쏴 Standing 자세는 앞서 설명한 것처럼 하되 코어에 어느 정도 힘을 주어 총기를 끌어안듯이 안아주고 허리가 뒤로 활자처럼 휘지 않도록 한다.

〈사진 34〉 서서쏴 Standing 예시

〈사진 35〉 서서쏴 Standing 바르지 않은 예시좌와 바른 예시우

신속 무릎쏴Speed Kneeling는 서서쏴에서 한쪽 무릎만 땅에 대고 있는 자세로 서서쏴에서 엎으려쏴까지 사격을 하면서 할 수 있게 하는 자세다. 무릎쏴와 다르게 굳이 팔꿈치를 다리에 받치지 않아도 되고, 서서쏴보다 노출도를 낮추면서 주변을 확인 또는 경계를 할 수도 있다. 신속 무릎쏴에서 엎드려쏴로 갈 때는 이미 땅에 대고 있는 무릎을 기준으로 앞으로 엎어지듯이 내려가면 된다.

〈사진 36〉 **신속 무릎쏴**Speed kneeling **예시**

신속 무릎쏴는 지형에 따라 야지 등에서 단기간 정지 또는 경계를 할 때 용이한 자세이기도 하고, 이때 SLLS[9]시얼스를 함께 하기도 한다. 그리고 뒷발은 되도록 눕혀 주변 아군이 실수로 밟았을 때 아킬레스건이 다치지 않도록 한다.

---

[9] Stop, Look, Listen, Smell로 정지 간 주변 상황을 더 잘 이해하고 인식하기 위한 방법

〈사진 37〉 **신속 무릎쏴**Speed kneeling**에서 경계 예시**

〈사진 38〉 **신속 무릎쏴**Speed kneeling **뒷발 예시**

무릎쏴Kneeling에서는 서서쏴처럼 C그립을 유지하면 개인의 신체에 따라 총구가 내려가거나 불편할 수 있기 때문에 몸쪽으로 당겨서 탄알집 삽입구에 받치듯이 잡아줄 수 있다. 그리고 개머리판을 낮게 위치시켜 머리를 너무 숙이지 않도록 하고, 보조손의 팔과 무릎은 되도록 뼈와 뼈가 만나지 않도록 하여 살과 살 또는 살과 뼈가 만나도록 한다. 이때 뼈는 무릎과 팔꿈치이고 살은 허벅지와 삼두근 부근이고 개인에 따라 팔꿈치와 허벅지 또는 삼두근 부근과 무릎이 되거나 둘 다 될 수도 있다. 그리고 뼈와 뼈가 만나면 고정력이 상대적으로 떨어지기 때문에 권장하지 않는다.

신속 무릎쏴에서 무릎쏴로 전환은 땅에 대고 있는 무릎의 발을 그대로 엉덩이 쪽으로 옮긴 뒤에 그 발 위에 앉아주기만 하면 된다.

〈사진 39〉 **무릎쏴**kneeling **예시**

앉아쏴Sitting의 파지는 무릎쏴와 동일하고 크게 세 가지 자세로 나눠진다.

첫 번째는 편하게 양반다리로 앉은 상태에서 양 팔꿈치를 무릎 안쪽에 올려놓고 총구 방향의 앞다리를 조금 올려 총구쪽이 아래로 내려가지 않도록 한다.

〈사진 40〉 **앉아쏴**Sitting **첫 번째 예시**

두 번째는 첫 번째 자세에서 다리를 조금 펴서 양 발목을 잠궈주면 된다.

〈사진 41〉 앉아쏴Sitting 두 번째 예시

세 번째는 두 번째에서 몸을 조금 더 틀어 총구 방향 앞 다리의 무릎을 좀 더 가까이에 붙여 높게 만들어 탄알집과 손잡이 사이를 무릎에 끼워서 걸친다. 이때 발목은 동일하게 잠궈주면 된다.

〈사진 42〉 앉아쏴Sitting 세 번째 예시

엎드려쏴Prone는 정밀사격의 기본 중의 하나로 신체를 지면에 밀착시켜 사격을 한다.

〈사진 43〉 엎드려쏴Prone 예시

 신체의 노출면적을 줄이려면 탄알집을 바닥에 대고 양 팔꿈치를 벌릴 수 있는 만큼 벌리고 지면에 신체를 최대한 밀착시키면 된다. 이렇게 했을 때는 노출면적을 줄일 수 있지만 사격의 대상이 상대적으로 위에 있어 상향으로 사격을 해야 한다면 제한되는 단점이 있다. 그리고 탄알집을 과도하게 누르면 탄알집이 제 위치보다 더 올라가서 노리쇠 뭉치와 탄알집이 충돌하여 작동 불량을 일으킬 수 있다.
 사격의 대상이 상대적으로 위에 있다면 양 팔꿈치를 모아주면 상향 사격을 할 수 있다는 장점이 있지만, 상대적으로 노출면적이 넓어진다는 단점도 있다.

〈사진 44〉 엎드려쏴Prone 탄알집으로 지지와 팔꿈치로 지지하는 예시

사격을 하면서 다양한 자세를 한다면 사격을 하고 다른 자세로 바꿀 때는 조정간 안전과 핑거 세이프티로 한 뒤 자세를 바꿔준다. 사격이 숙달이 되고 실제 상황에서 유연하게 적용한다면 서서쏴에서 바로 엎드려 쏴로 가거나 신속 무릎쏴 후에 엎드려쏴로 간다면 사격을 지속적으로 이어가기 때문에 핑거 세이프티만 한 뒤에 자세를 바꿀 수도 있다. 하지만 반대로 엎드려쏴에서 일어나는 상황에는 항상 조정간 안전과 핑거 세이프티를 준수하도록 한다.

다양한 자세를 할 수 있는 것은 중요하다. 어떤 상황에서든 METT-TC를 고려하여 그 상황에 맞게 유연하게 대처를 할 수 있게 만들어 주기 때문이다.

❑ 스캔Scan

스캔은 작전 실시간으로 상황인지SA, Situation Awareness와 위협요소 등을 파악하는 과정으로 필수적인 행동이다. 대부분의 적은 단독으로 움직이지 않으며 사격 또는 교전이 발생하면 표적으로 인해 주변 시야가 좁아지기도 하고 이런 상태에서 추가적인 적을 상대하면 치명적일 수 있다.

흔히 터널비전Tunnel Vision이라고 하는 현상을 해소하기 위해 스캔과 강제호흡Forced Breathing을 하기도 한다. 터널비전은 마치 터널에 들어가면 출구만 보이고 터널의 벽이나 천장 등에 포커스가 집중되지 않는 것처럼 목표에만 집중하여 시야가 좁아지고 주변을 쉽게 인식하지 못하게 되는 현상이다. 이렇게 되면 작전에서 주변을 보지 못하고 한 곳에만 집중을 하기 때문에 한 명의 적에만 집중한다거나, 상황이 발생했을 때 다른 추가적인 주변 상황을 전체적으로 보지 못하고 그 상황에만 집중한다. 이런 터널비전을 해소하기 위해서라도 스캔은 필수적인 행동이 된다.

 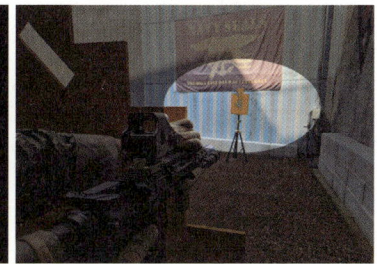

〈사진 45〉 터널비전 예시[10]

---

10) 출처 : OpenAI.(2025).Tunnel Vision [AI-generated image].ChatGPT.https://chat.openai.com

스캔은 일반적으로 시선으로만 하는 것이 아니라 총기와 같이 하기 때문에 총기와 눈이 어디를 봐야 하는지 주의해야 한다. 눈이 총보다 빠르기 때문에 기본 시선이 먼저 가고 총구가 따라올 수 있게 훈련해야 한다. 이를 아이 드라이브Eye Drive라고 하며 눈이 먼저 타겟에 가고 그 타겟에 그대로 도트 등의 조준점이 올 수 있게 하는 것이다. 이는 눈과 손의 협응력11)이 중요한 부분이기도 하다. 물론 상황에 따라서 클리어된 곳 등 위협순위가 떨어지는 곳에 대해서는 시선으로만 확인할 수도 있지만 기본은 눈이 먼저 가고 그곳에 총기와 조준점이 따라가는 것이다.

스캔은 일반적으로 디프레스드 머즐로 스캔을 하고, 상황에 따라 위협을 잡을 때Snap도 디프레스드 머즐로 잡아도 되며 위협을 잡거나 적을 쏠 때는 바로 총만 들어올려서 조준사격을 할 수 있다.

〈사진 46〉 스캔 자세좌와 위협을 잡을 때우

조준경을 통해서 스캔을 하면 조준경 경통 등으로 시야를 간섭하는 요인들로 인해 터널비전의 위험과 스캔 자체의 수행 과정을 방해한다.

---

11) 협응력 : 신체 여러 기관, 특히 근육과 신경계가 조화롭게 움직여 특정한 동작이나 활동을 수행하는 능력(출처 : 네이버 사전)

그리고 디프레스드 머즐 자세를 너무 높게 하면 하단부가 안 보여서 스캔이 제대로 안 될 수도 있다. 대부분의 상황은 그저 모든 사람을 쏘는 것이 아니기 때문에 내 앞에 아군 또는 민간인이나 위협이 되지 않는 비전투인원이 있을 수 있기 때문에 항상 쏘기 전에 PID를 해야 한다. 결국 눈으로 보고 뇌가 인식한 것을 바탕으로 다음 행동이 이루어지기 때문에 눈과 뇌가 확실하게 일할 수 있는 조건을 만들어 줘야 한다.

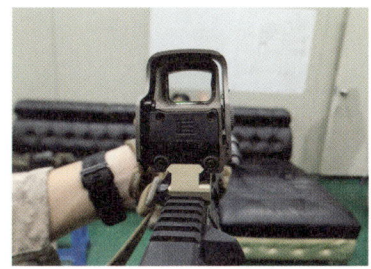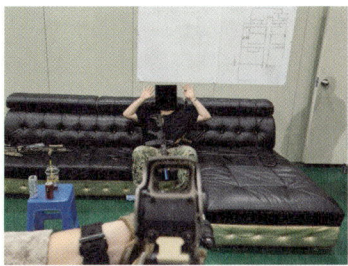

〈사진 47〉 조준경으로 스캔좌과 디프레스드 머즐로 스캔우

처음에는 터널비전에 빠져서 근처에 있던 적이나 위협을 놓쳤을 수도 있기 때문에 천천히 확실하게 주변이 어떤 상황인지 실제로 다 봐야 한다. 그리고 본인이 쏜 적도 쓰러지고 나서 다시 일어나거나 완전히 제압이 안 되었을 수도 있다. 다음 사격을 할 일이 있는지 또는 다음 전술 행동을 어떤 것을 해야 하는 지와 안 해야 하는지 등 스캔을 바탕으로 판단하는 습관을 들인다.

전방위 위협에 대해 스캔을 해주되 2인 이상의 팀으로 행동할 시 책임구역에 대해 스캔을 할 수 있도록 한다. 그리고 스캔하면서 의식적으로 숨을 깊게 들이쉬었다 내뱉는 강제호흡을 통해 산소 공급을 원활하게 해주면 좋다.

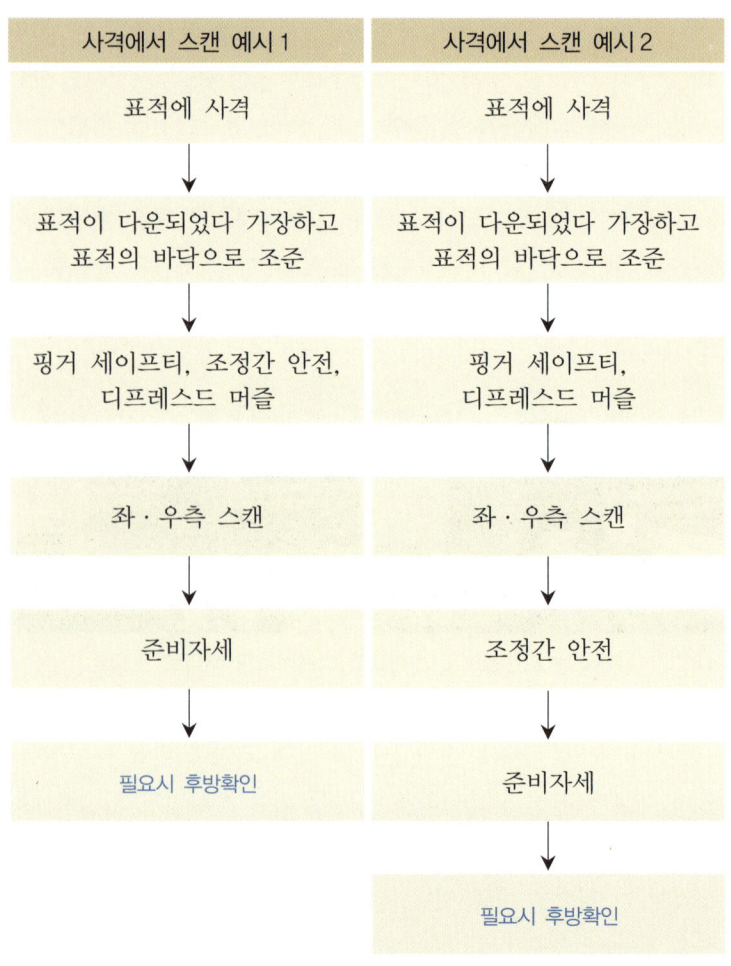

좌·우측 스캔할 때 각각 180°에 가깝게 후방까지 확인하면 별도로 후방 확인을 추가로 안 해도 되는 것도 하나의 방법이고, 이때 총은 90°정도까지만 가고 고개를 더 돌려 시선이 후방으로 더 가게 하는 스캔도 하나의 방법이다.

step.4 사격술

❏ **기초사격** Basic Shooting

영점사격 이후에 가장 먼저 이루어져야 하는 사격은 근거리3M에서부터 정확하게 조준하고 정확하게 명중하는 사격으로 소총과 권총 모두 적용할 수 있는 사격이다. 실제로 필자는 NRA[12] Rifle/Pistol Basic Course에서도 동일하게 했으며, 이 방법은 상대적으로 시간이 걸릴 순 있어도 익혀놓으면 오랫동안 감각과 실력이 유지 된다.

흔히 영점사격 이후 25m 등에서 바로 사격을 하는 경우가 많은데 이때의 문제는 본인이 한 조준과 격발에 실수가 있었는지 인지하기 어렵다는 문제가 있고 이는 스스로가 한발 한발마다 정확하게 조준하고 사격한 컨디션을 모르고 그와 똑같거나 비슷하게 사격을 하지 못하게 만든다. 그리고 근거리 사격부터 했을 때 대체로 "그 거리에서 누가 못 맞추냐?"라고 한다. 이 사격에서 중요한 점은 단순히 표적을 맞추는 것이 아니라 정확하게 원하는 지점에 지속적으로 조준을 유지하고 실제로 그곳으로 정밀하게 탄착군을 모으는 것이 핵심이다. 또한 총기의 MOA Minute of Angle[13]를 고려했을 때 근거리에서 탄착군을 잘 모으

---

12) NRA(National Rifle Association) : 美총기협회로 여기서 제공하는 Basic Course의 경우 총기를 처음 다루는 사람을 위해 총기의 기능 및 안전수칙, 사격술 등 총기를 다루는 사람이 안전하면서 정확하고 빠르게 사격을 할 수 있도록 체계적인 교육을 한다.
13) 각도의 단위로 1°를 60등분한 것으로 0.01667°의 각도를 가진다. 이것은 총열 및 탄의 정밀도를 말하는 지수이기도 하며, 1MOA는 100m에서 2.91cm의 크기를 가지기 때문에 총기가 4MOA라면 100m에서 11.64cm지름의 원만큼 분산도를 가진다.

면 각도에 의해 멀어질수록 똑같이 그만큼 잘 모을 수 있다.

3m에서부터 시작할 때는 지름 1인치2.54cm의 원을 그려 그 안에 탄착군을 모을 수 있는 것을 목표로 시작한다. 통제인원또는 부사수은 매번 탄알집에 1발씩 넣어주고, 사수는 조준해서 본인이 정확하게 쏠 수 있는 컨디션에서 쏘면 된다. 근거리에서 쏘다보니 하탄이 날텐데, 오프셋을 고려하지 않고 사격을 했다면 처음에 조준했던 것과 동일하게 사격을 시켜 탄착군이 형성된다면 그만큼 위로 조준해서 원 안에 넣으라고 하면 된다. 쏘다가 빗나가는 탄이 있으면 사수의 실수가 있었고 어떤 점이 이전에 명중하던 발과 다른지 사수도 쉽게 인지할 수 있기 때문에 사수와 통제인원은 정확히 사격이 되는 Fundamental기본원칙이 유지되도록 한다. 빗나갔을 때 또는 사격 전에 다시 호흡이나 몸을 풀어주고 다시 사격을 해도 된다. 중점은 정확하게 사격을 하는 감각과 빗나갔을 때의 감각을 인지할 수 있도록 하는 것이다.

〈사진 1〉 기초사격 예시

1발씩 하는 사격이 탄착군이 잘 모인다면 다음에는 2발씩 탄알집에 꽂아 1발을 쏘고 트리거 리셋과 다시 재조준을 해서 원 안에 넣는 것을 하면 된다. 이렇게 발수를 늘리다가 5~6발 등 통제하는 사람 또는 부대에서 원하는 기준을 채웠다면 표적을 1개가 아닌 2개의 표적으로 해서 각각의 표적에 1발씩 넣는 것을 하고, 이후 2발씩 등 늘려간다. 가용하다면 타겟도 최대 4개까지 해주면 좋다. 이러한 과정이 되었다면 이후에 다시 거리를 늘려서 처음에 했던 1개 표적에 1발을 하는 것을 하면 되고 이전에 숙달된 것이 있기 때문에 비교적 빠르게 다음 단계로 나아갈 수 있을 것이다. 중간 중간에 빗나가는 것들이 생긴다면 긴장을 풀고 어깨를 풀어주거나 호흡을 충분히 가다듬고 다시 준비가 되었을 때 사격을 해줄 수 있도록 한다.

〈사진 2〉 기초사격 표적 예시

최종적으로는 25m의 거리에서는 동적이든 정적이든 6인치 크기의 원 안에 탄착군이 모일 수 있도록 훈련한다. 아래는 하나의 예시로 거리 및 표적 개수 등의 세부적인 사항은 부대 상황에 따라 설정한 훈련 목적에 맞춰서 적용한다.

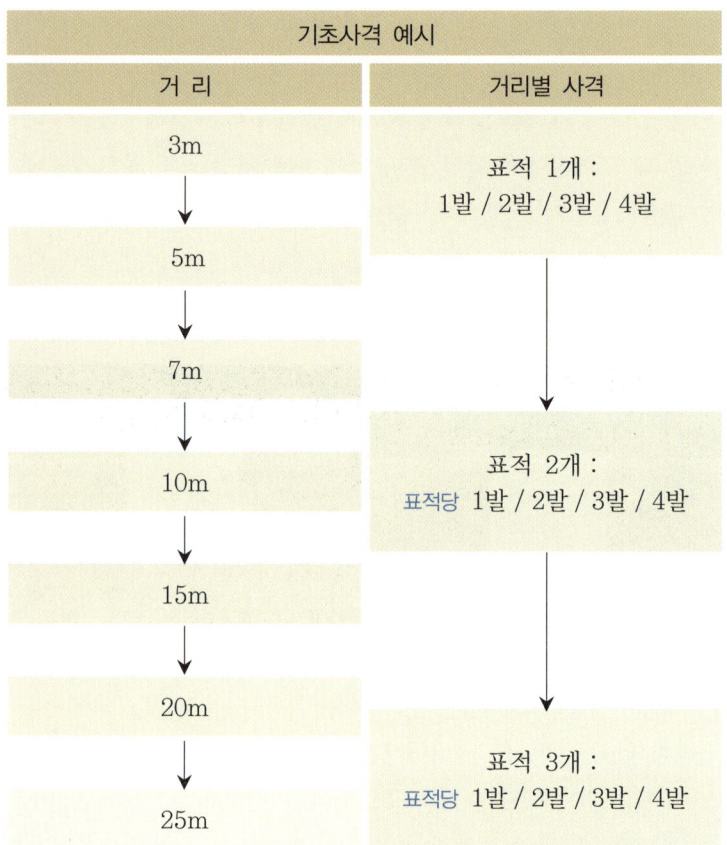

❏ 기능고장 처치 Clearing Malfunction

총기가 정상적으로 발사되지 않는 기능고장을 처치하는 것으로 전투 간 발생하게 되면 굉장히 치명적일 수 있기 때문에 기능고장을 이해하고 사전에 기능고장을 예방할 수 있는 조치를 하고, 전투 간에도 다양한 요인으로 인해 기능고장이 발생하면 진단을 통해 즉각 원인을 파악하고 조치해서 사격을 이어서 할 수 있어야 한다.

총기 기능고장 처치는 크게 두 가지로 1단계인 탭랙뱅 Tap Rack Bang 과 2단계인 더블 피드 조치로 나눠진다. 기능고장이 발생했을 때 노리쇠의 상태나 K계열의 총기의 경우 장전손잡이의 상태를 보고 1단계를 할지 2단계를 할지 빠르게 판단해서 처치한다. 이 방법은 볼트액션을 제외한 대부분의 소총과 자동권총에 적용할 수 있는 방법이다.

기능고장 처치를 1단계라고 1단계부터 무조건적으로 하진 않는다. 일반적으로 기능고장 처치 1단계와 2단계 중 어느 것을 먼저 할지 판단할 때 노리쇠를 보고 판단을 한다. 노리쇠가 정상적으로 전진이 되어 있으면 1단계를 즉시하고, 노리쇠가 전진이 되어 있지 않고 중간에 있다면 2단계로 바로 넘어가서 처치를 한다.

기능고장 처치 1단계는 방아쇠를 당겼을 때 탄이 나가지 않는 경우에 즉각 사용하는 처치 방법으로 정상적으로 탄이 나가는 사격 중간보다는 탄알집을 끼우고 첫발에 발생할 확률이 굉장히 높다. 탄이 발사되지 않은 원인은 다양하게 있는데 대표적으로는 다음과 같다.

- 탄알집이 제대로 결합 되지 않아 약실에 탄이 들어가지 않은 경우
- 탄알집이 제대로 결합 되기 전에 노리쇠 멈치를 먼저 누른 경우
- 탄알집 내부 문제로 송탄이 제대로 되지 않은 경우
- 노리쇠가 끝까지 가지 않아 약실이 완전히 폐쇄되지 않은 경우
- 탄이 불량인 경우

    이때 하는 기능고장 처치 1단계인 탭랙뱅Tap Rack Bang이라는 단어는 세 가지 동작을 이어서 하기 때문에 이렇게 불리기도 한다. 먼저 탭Tap으로 탄알집 아래를 쳐서 탄알집이 제 위치로 갈 수 있도록 확실하게 밀어준다. 다음 랙Rack으로 노리쇠후퇴전진을 통해 약실에 탄이 불발탄이었다면 추출 및 방출을 하고 새로운 탄을 약실로 넣어주고, 만약 빈 약실이었다면 새로운 탄을 약실로 넣어주는 역할을 한다. 마지막으로 뱅Bang은 방아쇠를 당겨 사격을 진행하는 것이다.

〈사진 3〉 **소총 탭랙뱅**Tap Rack Bang **예시**

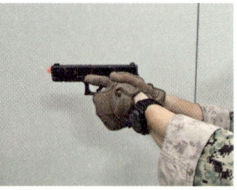

〈사진 4〉 **권총 탭랙뱅**Tap Rack Bang **예시**

단순 노리쇠가 완전히 전진 되지 않아서 격발이 되지 않을 수 있기 때문에 최초 장전할 때는 노리쇠가 끝까지 전진되는 것을 확인하고, 기능고장을 판단할 때도 1단계에서 이것을 확인하고 조치하도록 한다. 이때는 탭Tap을 제외한 랙Rack을 통해 조치하면 되기 때문에 효율적으로 처치할 수 있도록 훈련을 한다.

기능고장 처치 2단계는 약실과 송탄부에 탄이 2발 이상 겹치는 등의 문제인 더블 피드Double Feed를 처치하는 것으로 같은 더블 피드지만 원인에 따라 세부 모습이 다르기에 그에 따른 조치가 달라진다.

〈사진 5〉 더블 피드 예시1좌, 예시2우[14]

예시1의 경우 노리쇠의 갈퀴에 탄매 등이 쌓여 탄피를 걸지 못해 격발 이후 탄피가 추출되지 못하고 그대로 다시 노리쇠가 전진하면서 새로운 탄이 약실 내에 탄피에 걸려 들어가지 못하는 현상이다. 총기손질 간 갈퀴 부분도 탄매 등 제거를 잘해야 하며, 전투상황에서 이 현상이 발생하면 분해 후 갈퀴를 청소해야 하기 때문에 전투 중에는 조치를 할 수 없는 문제로 판단할 수 있어야 한다.

---

[14] 출처 : OpenAI.(2025).Double Feed[AI-generated image].ChatGPT.https://chat.openai.com

〈사진 6〉 노리쇠좌, 갈퀴우15)

    예시2의 경우 탄알집에서 탄을 삽탄 했을 때 가장 위쪽의 탄을 잡아주는 상단 피드립Feed Lips의 문제로 벌려지거나 했을 때 탄이 정상적으로 1발씩 들어가는게 아니라 그 다음탄과 같이 물려 노리쇠가 2발씩 전진을 시키거나, 사격 이후 추출된 탄피가 제대로 방출되지 못해서 내부에 같이 끼거나, 탄피받이 같은 것으로 인해 나갔다가 튕겨서 다시 내부로 들어왔을 때 많이 겪을 수 있는 현상이다. 조치로는 노리쇠의 상태를 보고 조정간 안전 후 노리쇠 후퇴고정 한 뒤에 탄알집을 뽑아준다. 이때 탄알집 멈치를 눌러도 탄알집이 자연스럽게 빠지지 않는 경우에는 손으로 잡고 강제로 탄알집을 뽑아준다. 그리고 노리쇠를 2~3회 후퇴전진하여 내부에 탄과 탄피를 배출해줄 수 있지만 확실하게 하려면 노리쇠 후퇴고정 후 손가락을 집어넣어 탄과 탄피 등 제거한다. 마지막으로 다시 탄알집을 꽂아주는데 이때 기존에 꽂힌 탄알집의 문제가 있을 수도 있기 때문에 가능하면 새로운 탄알집으로 꽂아준다.

    탄피가 제대로 방출되지 않아 수직으로 끼어있는 상태인 스토브 파

---

15) 출처 : OpenAI.(2025).AR15 Bolt extractor [AI-generated image].ChatGPT.https://chat.openai.com

이프Stove Pipe의 경우 끼어있는 탄피만 뽑거나 쳐서 뺀 뒤에 바로 사격을 할 수 있다. 일반적인 경우보다 더 복잡하게 엉켜있을 경우에는 기능고장 처치 2단계를 적용하면 된다.

〈사진 7〉 **스토브 파이프**Stove Pipe **예시 소총**좌, **권총**우16)

사격장에서 훈련을 위한 사격을 할 때 기능고장이 발생하면 즉각 기능고장 처치가 나올 수 있도록 훈련하도록 한다. 그리고 기능고장의 원인이 될 수 있는 부분을 총기손질을 통해 예방을 하고, 탄알집도 마찬가지로 평소에 관리를 통해 기능고장을 예방한다. 이때 탄알집의 경우 번호를 써서 관리가 용이하게 한다.

기능고장 발생 시 "기능고장!"이나 "말펑션Malfunction!"과 같은 콜Call보다는 음식에서 잼처럼 끈적거리고 엉겨붙어서 막히는 느낌을 표현하는 관용어인 "잼Zam!"을 쓰는 것이 단어를 봤을 때 직관적이고 효율적이기 때문에 필자는 이 콜을 추천한다.

---

16) 출처 : OpenAI.(2025).rifle pistol Stove Pipe [AI-generated image].ChatGPT.https://chat.openai.com

전투상황에서 기능고장이 발생했을 때 METT-TC를 고려하면 그에 따라 행동이 달라진다.

- 빠르게 조치할 수 있는 것인가?
- 적보다 우세한 상황인가 아닌가?
- 적과의 거리가 가까운가 먼가?
- 현 위치에서 바로 은·엄폐가 가능한가?
- 바로 옆의 아군에게 도움을 받을 수 있는가? 등

이러한 상황에 따라 그 자리에서 빠르게 조치를 하거나, 은·엄폐 후 조치를 하거나, 보조화기로 전환을 하거나, 롤 아웃Roll Out으로 아군에게 역할을 넘겨주고 조치 후에 다시 붙어주는 등의 행동을 할 수 있다.

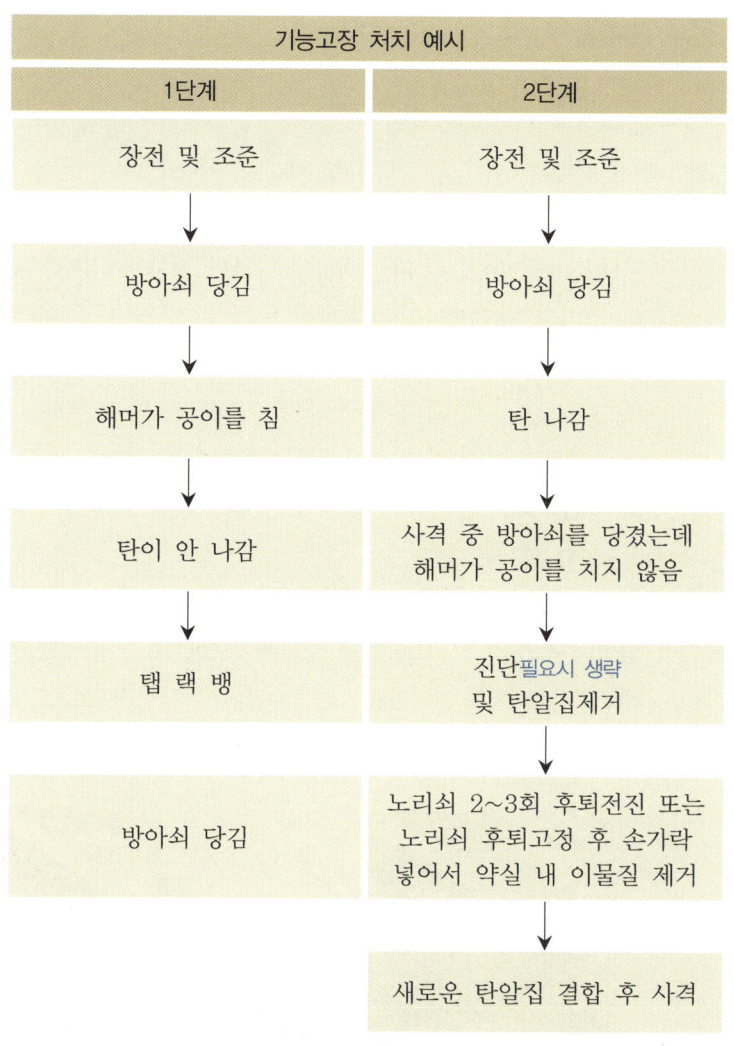

☐ 은·엄폐물 사격 Barricade Shooting

전투환경에서는 온갖 종류의 자연구조물과 인공구조물들이 있으며, 특히 작전 간에 마주할 수 있는 인공구조물로는 건물의 벽면, 기둥, 울타리, 화단, 조형물, 차량 등이 있고 이러한 것들은 다양한 은·엄폐물로서의 기능을 제공한다. 그렇기 때문에 다양한 상황에서 만나는 다양한 종류와 크기의 바리케이드를 활용할 수 있는 훈련이 필요하다.

이러한 바리케이드는 상황과 종류에 따라 의탁을 할 수도 있고 의탁을 하지 못할 수 있기 때문에 같은 종류의 바리케이드여도 의탁과 무無의탁 둘 다 같이 훈련을 해야 하고 전투상황에서는 의탁시 총구 등 노출이 우려되거나 빠르게 이동을 해야 하는 등에 따라 판단하여 효과적으로 사용할 수 있도록 한다.

총기 아래를 받칠 수 없는 벽과 같이 바리케이드의 좌·우 측면을 활용하여 의탁해서 사격 시 보조손을 바리케이드에 대고 총기의 총열 손잡이나 레일부분을 얹을 수 있게 그립을 잡아야 안정적으로 의탁한 상태로 경계 또는 사격을 할 수 있다.

〈사진8〉 **바리케이드 측면 활용 의탁 시 그립 예시**

이외에 총기 아래를 의탁할 수 있으면 손으로 레일 부분을 잡고 눌러주거나해서 총기가 잘 고정될 수 있도록 잡아준다. 이를 통해 바리케이드에 총기를 최대한 밀착시켜 안정감을 확보한다.

〈사진 9〉 바리케이드 사격 그립 예시

 바리케이드 의탁 사격 간 개인의 신체와 바리케이드의 높이 등을 고려했을 때 무릎으로 견착하고 있는 팔의 팔꿈치를 지지할 수 있다면 지지해주는 것이 안정적인 사격에 좋다. 지지할 때는 되도록 뼈와 뼈가 만나는 것이 아니라 뼈와 살 또는 살과 살이 만날 수 있도록 한다.

〈사진 10〉 바리케이드 의탁 사격 팔꿈치 지지 예시

바리케이드의 측면으로 사격할 때는 노출되는 방향의 발을 앞쪽으로 둔다. 노출이 되는 지점과 안 되는 지점의 일종의 가상의 선을 긋고 그곳을 기준으로 앞발을 위치시켜 기준점을 잡으면서 무게중심도 함께 잡는다. 이렇게 하면 피탄이 되거나 중심을 잃고 넘어지더라도 위험지역으로 노출되는 것이 아니라 바리케이드쪽으로 넘어질 수 있기 때문에 안전하기도 하다.

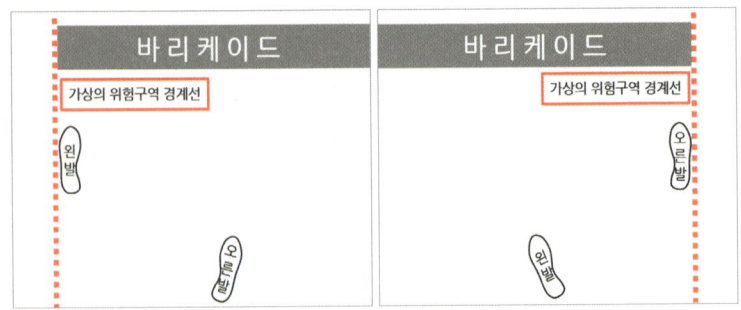

〈사진 11〉 바리케이드 측면 노출에 따른 앞발 예시

〈사진 12〉 바리케이드 측면 노출 앞발 반대 예시

상황에 따라서 바리케이드에서 노출되는 방향의 발이 뒤에 가는 방법을 사용할 수도 있다. 상대적으로 안정성을 포기하더라도 노출의 면

적을 상대적으로 더 줄이거나 서 있을 때 시선의 높이가 아닌 다른 높이에서 확인을 하는 등의 필요성이 있을 때 사용할 수 있다.

가상의 선은 적이나 위협의 위치 같은 상황에 따라 달라지기에 작전대원은 무조건 〈사진 11〉처럼 바리케이드와 평행하게 위치하지는 않는다.

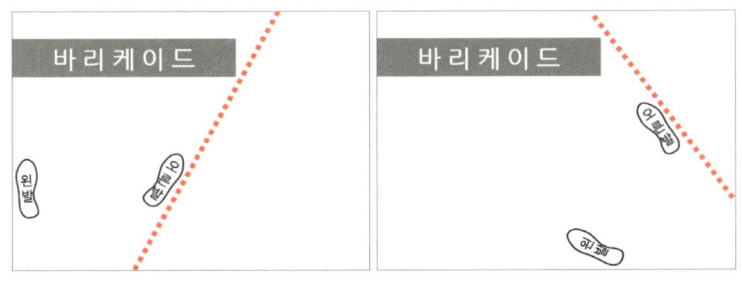

〈사진 13〉 바리케이드에 평행하지 않은 예시

〈사진 14〉 바리케이드에서 준비 및 노출되는 예시

제1장 사격 89

바리케이드에서는 측면이든 상단이든 노출되자마자 바로 사격할 수 있는 준비를 하여 최소한의 노출로만 사격 또는 경계를 할 수 있도록 한다. 가능한 바리케이드를 총구로부터 최소 1피트약 30cm를 이격하면 도탄으로부터 멀어지게 하고 더 나은 각도를 제공하기도 한다.

바닥과 같은 하단에 붙어서 사격을 할 때는 총기가 바닥에 완전히 붙지 않도록 보조손을 주먹 쥐어 그 위에 총을 얹히거나 그립을 활용해서 받쳐준다. 특히 탄피 배출구가 바닥 방향이 되면 탄피가 바닥에 맞고 그대로 탄피 배출구로 튀어 기능고장의 위험이 있기도 하다.

 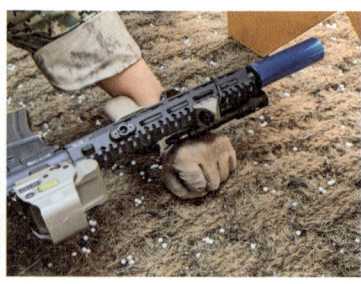

〈사진 15〉 **바닥에서 사격 예시**

바리케이드 사격에서 재장전을 할 때는 판단이 필요하다. 예를 들어 대체로 혼자서 처리할 수 있는 1대1 같은 상황에서는 재장전을 할 때 적을 그대로 시야에 넣은 상태로 재장전을 하고 적을 처리할 수 있다. 어느 정도 숙련된 인원이라면 신속재장전은 마지막 발로부터 3초면 재장전을 해서 쏘는데 이때 엄폐해서 재장전하고 다시 나왔을 때 만약 적이 사라졌다면 적의 위치를 모른다는 변수가 추가로 발생하기 때문에 찾아야 하는 위협이 추가되는 상황이 된다. 이런 예시를 바탕으로 적과 가까운지 먼지 또는 지형에 나에게 유리한지 불리한지 그리고 적을 내가 처리할 수 있는지 없는지도 지속적으로 파악하고 판단해서 싸워야 한다.

만약 다수의 위협이나 불리한 지형 등으로 인해 본인이 해결할 수 없는 상황이라면 은·엄폐 후 재장전을 하고 바리케이드의 다른 측면에서 사격을 하거나 다른 위치로 이동할 수 있다.

그리고 특별한 상황이 아니라면 바리케이드의 한쪽에서만 내내 머물면서 교전하면 나에게 불리하게 작용할 수 있다. 예로 적이 위치를 옮기지 않고 또는 바리케이드의 좌측으로만 노출되어 나온다면 대응하기는 매우 쉬울 것이다. 그렇기 때문에 바리케이드의 좌측 또는 우측 또는 상단 등 가용한 면들을 활용해서 예측하지 못하게 하는 것도 중요하다.

바리케이드를 활용한 훈련에서는 의탁을 한 사격과 의탁을 하지 않은 사격을 모두 훈련해야 한다. 그래야 바리케이드의 모양과 크기 그리고 작전대원의 신체적 조건과 상황에 따라 유리하게 활용할 수 있기 때문이다. 여기까지는 구조물 너머로 사수의 눈과 총이 일치가 되게 해서 했다면 마지막으로는 보지 않고 총만 먼저 내밀어서 사격을 하는 것을 훈련한다.

이를 블라인드 슈팅Blind Shooting 또는 인스팅티브 슈팅Instinctive Shooting 이라고 한다. 이는 참호전 또는 코너 등 너머의 적의 강한 화력에서 모멘텀을 완전히 뺏기지 않기 위해서 등 상황에 따라 필요한 사격이기 때문에 이 또한 훈련하도록 한다.

측면에 대해서 블라인드 슈팅을 할 때는 총을 90° 기울여서 사격을 하면 상대적으로 쉽게 할 수 있고, 더 깊은 각까지 사격을 할 수 있다.

〈사진 16〉 총기를 기울이지 않은 사격좌과 기울인 사격우

 전투상황에서 맞이할 수 있는 바리케이드의 종류와 크기는 정말 다양하지만 훈련을 위해 그것들을 하나하나 만든다면 비용과 물리적인 측면에서 엄청난 비효율이 발생한다. 그렇기 때문에 보통 1개의 나무 판에 다양한 형태와 높이 및 크기를 가진 모양과 구멍을 만들어 하나의 판으로도 어느 정도 다양한 훈련을 할 수 있게 한다. 여기서 가장 대표적인 것이 Viking Tactics社의 VTAC Barricade이다.

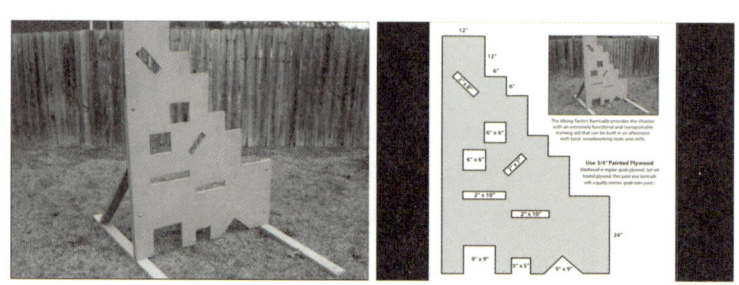

〈사진 17〉 VTAC Barricade[17]

 사람은 저마다 다른 신체적인 조건을 가지고 있고 소속된 곳의 총기

---

17) 출처 : https://www.vikingtactics.com/instruction/

나 장비/물자가 다르기 때문에 여기에 맞춰 바리케이드를 효과적으로 활용할 수 있도록 훈련을 해야 한다.

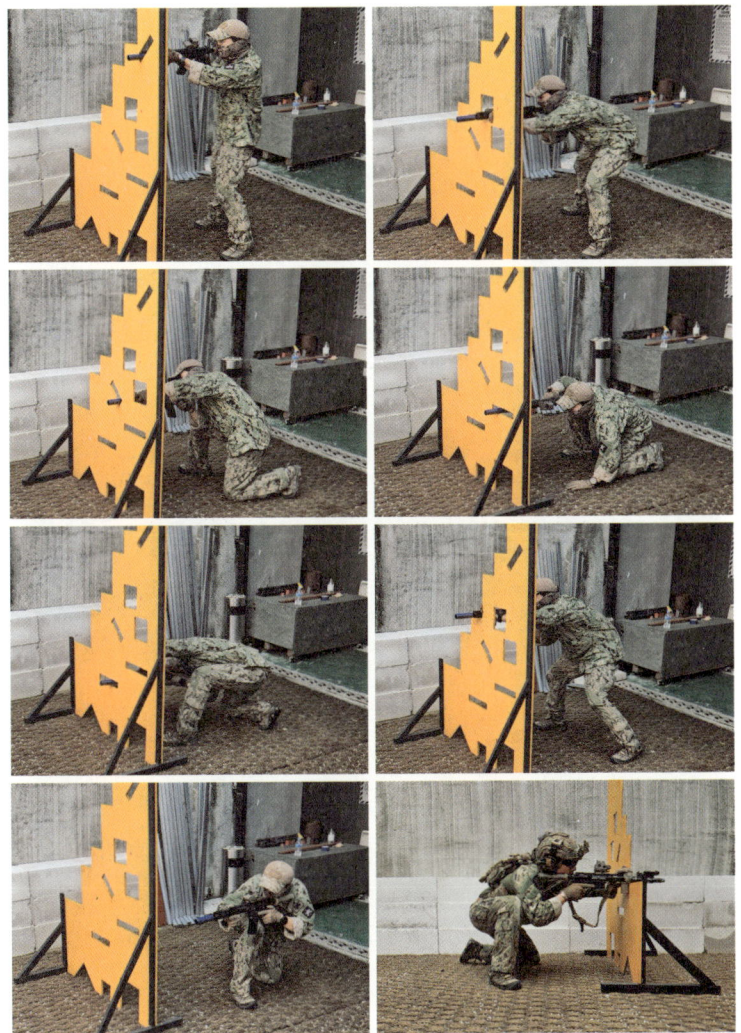

⟨사진 18⟩ VTAC Barricade 사격자세 예시

❏ 좌·우수 전환Shoulder Transition

총기의 좌·우수 전환은 작전에서 맞이하는 코너나 엄폐물 등에서 위치나 적의 위협수준과 거리, 내가 좌수인지 우수인지와 같은 상황에 따라서 신체의 노출 정도를 효율적으로 통제할 수 있게 해준다. 이때 전환 간에는 원활한 전환을 위해 총기의 멜빵슬링 상태를 조정해주는 것이 좋은데, 대체로 멜빵을 목과 보조손을 넣은 언더 암Under Arm 상태에서 목만 건 오버 넥Over Neck으로 해준다. 이렇게 멜빵의 상태를 조정하지 않더라도 멜빵을 여유롭게 더 푸는 등의 조정이나 상태는 원활한 전환을 위해 필요하다.

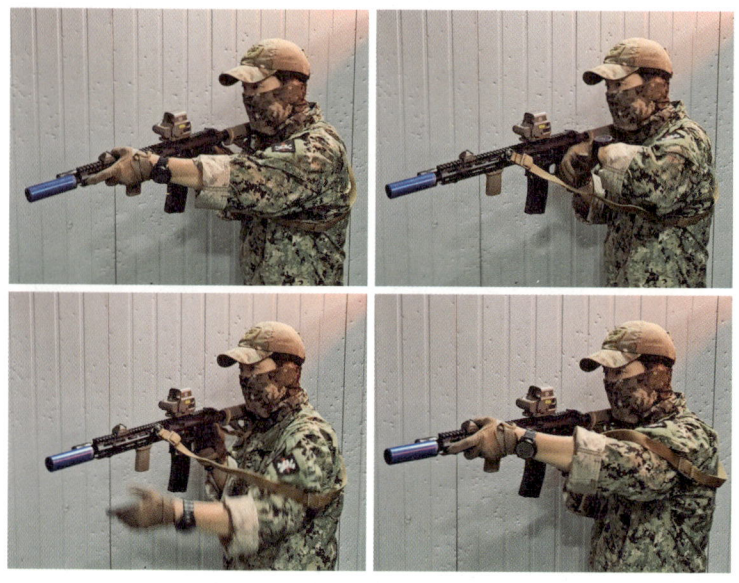

〈사진 19〉 슬링 전환언더 암 → 오버 넥 예시

우수자 기준으로 소총의 권총 손잡이를 잡은 오른손을 탄알집 삽입구 또는 레일 쪽을 잡고 그대로 총기를 반대쪽 어깨로 보냄과 동시에 보조손인 왼손은 권총 손잡이로 이동한다. 그리고 탄알집 삽입구 또는 레일을 잡고 있던 손을 그대로 보조손의 위치로 이동하면 된다. 좌수자의 경우 반대로 하면 된다.

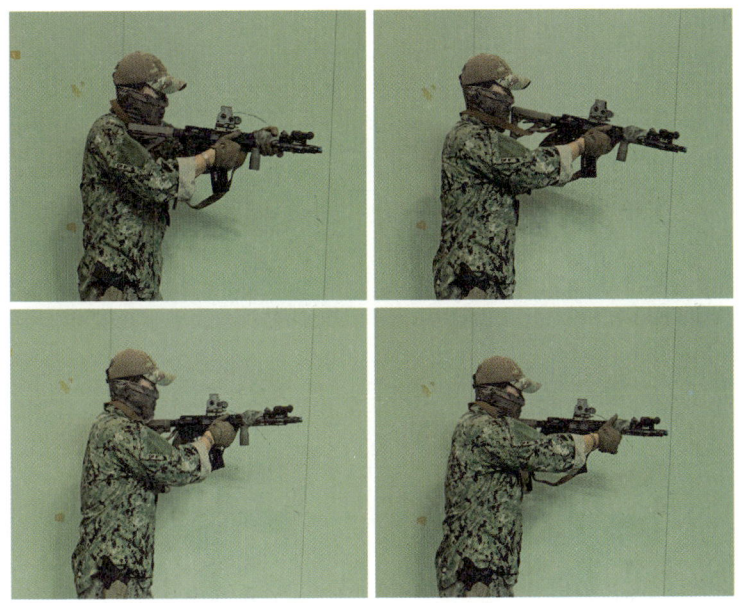

〈사진 20〉 좌 · 우수 전환 예시

〈사진 20〉은 좌 · 우수 전환의 한 방법의 예시이기 때문에 총기와 신체에 따라 세부적인 방법은 다를 수 있다.

이외에도 손을 바꾸지 않고 견착하는 어깨만 바꾸는 하프 숄더 트랜지션Half Shoulder Transition이라는 방법도 있다. 총기를 파지한 양손은 그 위치 그대로 두고 견착하는 어깨만 바꾸는 것으로 상대적으로 신속한 전환과 빠른 사격이 가능하다는 장점이 있다. 상황에 따라서 하프 숄더 트랜지션으로 우선 극복 또는 사격을 한 뒤 바로 손만 바꿔서 좌·우수 전환을 마무리할 수도 있다.

하프 숄더 트랜지션의 경우 양손의 위치가 바뀌지 않기 때문에 주화기에서 보조화기로 전환할 때도 상대적으로 효율적인 장점이 있다.

〈사진 21〉 하프 숄더 트랜지션Half Shoulder Transition 예시

좌·우수 전환 시 손만 바뀌는 것이 아니라 조준하는 눈도 바뀌기 때문에 주시안이 아닌 눈으로 정확하게 조준하는 것도 함께 연습을 해야 한다.

자기가 좌·우수 전환을 해서 잘 쏠 자신이 없으면 그냥 그대로 쏘는 것이 좋을 수 있다. 이처럼 좌·우수 전환은 무조건 해야 하는 것은 아니나 할 수 있으면 작전환경과 상황에서 선택할 수 있는 옵션이 다양해지기 때문에 좋을 수 있다. 그리고 할 줄 아는 것과 할 줄 모르는 것은 큰 차이가 있다.

　코너 등에서 빠르게 극복을 해야 하고 적의 위협이 멀지 않다고 하면 노출의 리스크를 감수하더라도 정확하게 사격을 하기 위해 좌·우수 전환없이 할 수 있고, 시간적 여유나 위협의 수준과 거리가 어느 정도 된다면 노출의 리스크를 줄이기 위해 좌·우수 전환을 한 뒤에 극복을 할 수 있다. 또는 전환 없이 극복 후 해당 자리에서 경계 등을 위해 좌·우수 전환을 한 뒤에 경계를 하는 등 항상 상황을 판단해서 최선이 되는 방법으로 사용하면 된다.

❏ 주·보조화기 전환Rifle to Pistol Transition

주화기소총와 보조화기권총로 이중무장을 하는 전투원의 경우 주화기만 무장한 전투원보다 상대적으로 특정 상황에 대해 대처하는 것이 유연하다. 일반적으로 보조화기를 전환하는 경우는 주화기가 재장전 또는 기능고장이 났을 때 조치하는 것보다 보조화기로 전환해서 전투를 이어나가는 것이 유리할 때이다. 대표적인 상황은 다음과 같다.

- 적과 물리적으로 근접한 상황 등에서 주화기가 기능고장 또는 재정전을 해야 할 때
- 주화기의 길이가 방해가 되는 좁은 실내를 수색해야 할 때

적과 근접한 상황에서 빠르게 사격을 이어나가야 할 때도 적절한 상황판단이 필요하다. 예로 아군의 도움을 즉각 받을 수 있거나 근접하지만 거리가 어느 정도 있고 엄폐가 가능하다면 신속하게 재장전 또는 조치를 한 뒤에 하는 것이 더 효율적일 수 있다. 특히 주화기소총 또는 기관단총의 경우 보통 30발이고 보조화기권총의 경우 주화기보다 장탄수와 관통력이 떨어지기에 이를 판단하고 무엇이 더 유리한지 상황에 적용할 수 있어야 한다.

사격 간 주화기의 탄이 갑자기 나가지 않고 보조화기로 바로 사격을 이어 나가야 한다고 판단을 했으면 주화기의 조정간을 안전으로 돌리고 보조화기로 전환한다. 여기서 탄이 안 나가는데 굳이 조정간을 안전으로 하고 보조화기로 전환을 해야 하는가에 대해서는 숙달 또는 숙련이 될 때까지는 안전으로 돌려놓는 것을 권장한다. 사수가 방아쇠의 압력을 착각하거나 조정간 조작 실수로 안전에서 덜 풀리거나 안 풀린

상태에서 방아쇠를 당겨 착각하는 등의 상황이 있기 때문이다. 그래서 필자는 사격 등 훈련상황에서는 항상 안전으로 한 뒤에 하는 것으로 하되 실제 전투상황에서는 개인의 판단에 맡기도록 한다.

〈사진 22〉 **보조화기 전환 예시**

주화기를 잡은 보조손은 그대로 아래로 내려주고 동시에 반대손인 주손은 보조화기를 꺼내기 위해 보조화기를 파지한다. 주화기를 잡고 내려주지 않고 그대로 놓아버린다면 총기의 무게와 떨어지는 반동으로 사수의 몸에 영향을 주고 이 영향은 기동 중이라면 더 크게 줄 수 있다.

보조화기를 홀스터에서 뽑으면서 조정간을 안전에서 사격으로 바꿔야 하는 총기라면 뽑자마자 총구를 적 방향으로 향한 뒤에 조정간을 바꿔주면서 파지하여 조준하면 된다. 적 방향으로 지향했기 때문에 정말 급박한 상황이면 지향사격으로 사격을 하면서 보조화기를 뻗어 자세를 잡을 수도 있다.

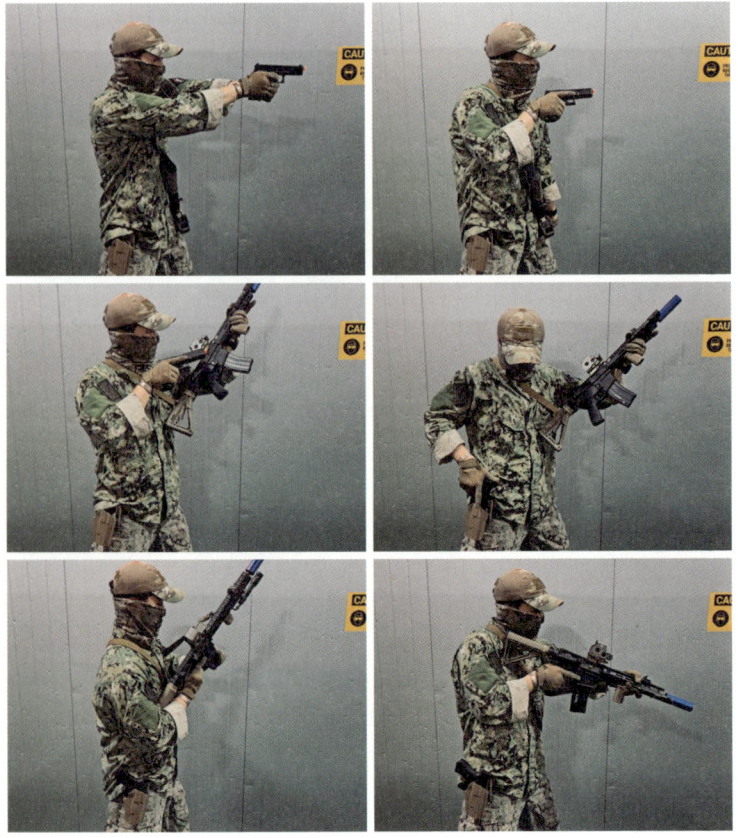

〈사진 23〉 보조화기 전환 이후 절차 예시

보조화기 전환 사격 후 또는 상황이 끝났다면 마찬가지로 스캔을 실시해서 주변에 추가적인 위협이 없는지 확인을 한다. 스캔 이후 어느 정도 안전하다고 판단이 된다면 사용한 보조화기의 탄알집을 재장전을 하고, 보조화기를 몸쪽으로 당겼지만 총구방향은 여전히 전방으로 향해로 즉각 사격할 수 있게 한 상태에서 주화기의 노리쇠 부분을 워크스페이스로 가져와 상태를 진단한다. 주화기의 문제를 파악하고 조치를 판단했으면 보조화기를 홀스터에 집어넣고 주화기를 조치한다. 이때 보조화기를 홀스터에 집어 넣을 때는 홀스터를 보고 한번에 정확하게 넣을 수 있도록 한다. 이후 주화기가 조치된 상황에서 작전을 이어서 하면 된다.

보조화기 전환을 하기 전에 홀스터에서 보조화기를 꺼내서 사격을 하는 홀스터 드로우Holster Draw부터 숙달하는 것을 권장한다. 보조화기의 경우 대체로 홀스터에 휴대를 하지만 홀스터에서 뽑아서 사용하는 절차를 훈련하지 않는 경우가 적지 않다. 대체로 보조화기 사격을 한다면 단순 보조화기 파지만 잘 한 상태 그대로 사격만 하는 것을 하지만, 보조화기 특성상 작전환경에서는 홀스터에서 뽑아서 사격을 했을 때 사격장에서 완벽한 상태에서 사격하는 것처럼 파지가 정확할 수 있는가? 홀스터에서 파지한 그립을 가지고 정확한 사격을 할 수 있는가? 빠르게 홀스터에서 뽑아서 정확하게 사격을 하는가?를 생각한다면 홀스터 드로우까지 숙달해야 한다는 것을 어렵지 않게 생각할 수 있다.

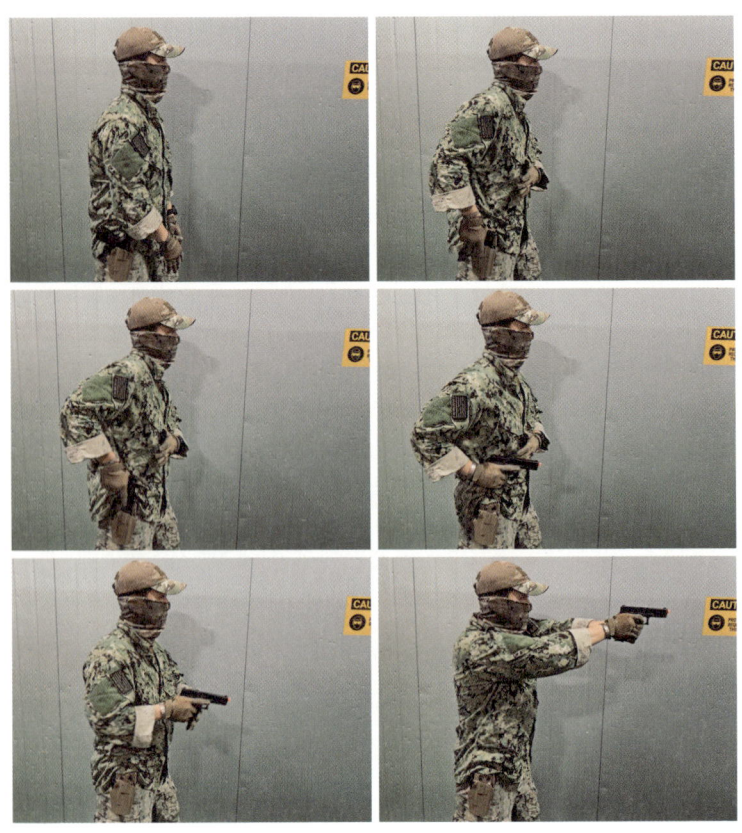

〈사진 24〉 **홀스터 드로우**Holster Draw **절차 예시**

 홀스터 드로우나 보조화기를 홀스터에 넣은 상태로 사격을 하는 경우 일부 안전을 핑계로 슬라이드를 후퇴고정한 상태로 홀스터에 넣거나 그렇게 시키는 경우를 볼 수 있는데, 이는 총기 구조와 총기 자체에 대한 이해도가 없는 모자라는 경우로 취급하고 정상적으로 슬라이드를 전진시켜서 홀스터에 넣으면 된다.

 이와 비슷한 경우로 보조화기의 약실에 실탄을 장전하지 않은 채 홀스터에 휴대하는 이스라엘리 드로우Israeli Draw를 하는 경우도 있다. 대체로 상급부대 또는 지휘관이 작전환경을 고려하지 않고 이를 고려한 이유가 아닌 단순 오발이나 사고발생 가능성의 이유로 지시하는 경우가 많은데, 이중으로 무장했을 때의 보조화기 특성상 보조화기를 꺼내드는 상황 중에서는 앞선 설명처럼 주화기의 기능고장이나 탄 소모로 인해 근접한 적에게 빠르게 사격을 이어 나가야 하기에 보조화기 전환을 한다. 이 상황은 긴급한 상황이기 때문에 이를 생각했을 때 이스라엘리 드로우를 할 경우 홀스터에서 권총을 뽑아서 슬라이드 후퇴전진을 해서 장전한 뒤에 사격을 해야한다. 이는 대응을 느리게 만들어 작전 간 생존성과 전투력을 떨어뜨릴 수 있고 작전대원에게 굉장히 치명적일 수 있다.

예전에는 주화기가 나가지 않으면 탄피 배출구의 노리쇠 상태를 확인하고 보조화기를 전환했었는데, 이때 이 부분을 확인하더라도 주화기가 안 나가는 것은 바뀌지 않는 사실이고 보조화기 전환 후 마지막에 이 부분의 상태를 보고 조치를 하기 때문에 중복이 되어 최근에는 약실 확인을 생략하기도 한다.

여기서도 판단을 할 수 있어야 하는 것이 적과의 거리와 위협의 수준을 판단했을 때 약실을 보고 판단해서 재장전 후 사격을 할 것인지 아니면 보조화기 전환으로 사격을 할 것인지, 급박하다면 처음부터 약실을 보지않고 바로 보조화기로 전환을 하는지 판단이 필요하고 이 옵션들을 수행할 수 있게 훈련을 하는 것은 당연히 필수이다.

❏ 다중표적 Multiple Targets

전투상황에서 마주하게 될 적은 대체로 혼자서 단독으로 행동하는 경우는 드물기 때문에 이에 맞춰 다수의 표적에 대해서도 사격을 할 수 있어야 한다.

이때는 사격이 빠르고 사격하는 대상을 바꾸는 표적 전환이 빠르고 정확해야 한다. 그래서 중요한 것이 아이 드라이브 Eye Drive이다. 아이 드라이브 훈련이 부족하거나 되어 있지 않으면 다중표적을 쏠 때 첫 번째 표적을 쏘고 나서, 다음 표적으로 조준을 옮기는 것과 다시 사격을 하는 것의 딜레이가 길어진다.

이를 위해 사격 간 시야를 위해 양안으로 해야 주변시로 다른 표적을 식별할 수 있다. 항상 눈으로 먼저 보고 그곳으로 조준점을 옮겨 사격을 한다. 총을 잡고 있는 보조손의 검지손가락을 총구방향으로 가르키듯이 펴서 그립을 잡으면 표적 또는 위협의 방향으로 조준할 때 단순히 검지로 그곳에 가리키는 것만 해도 빠르고 정확하게 조준하는 것에 도움이 된다.

 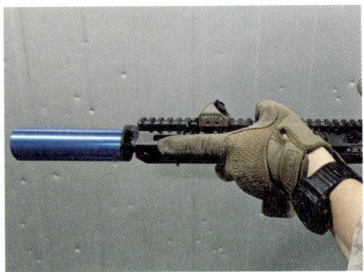

〈사진 25〉 보조손 소총 파지 예시

간단한 훈련 예시로는 사수 1명에게 2개의 표적을 주고 첫 번째 신호에 사전에 정한 1번 표적에 사격을 하고 조준을 유지한 상태에서 시선 또는 고개만 돌려 2번 표적을 보고 있는다. 두 번째 신호에 맞춰 2번 표적에 사격을 하고 조준을 유지한 상태로 동일하게 1번 표적에 시선 또는 고개를 돌려 보고 있는다. 이를 반복적으로 해서 시선이 먼저 간 곳에 조준이 따라와서 정확하게 사격을 할 수 있도록 하고 처음보다 더 숙달이 된다면 시선과 총구의 속도를 올려 표적전환을 빠르게 할 수 있도록 한다.

다중표적을 할 때 함께 하는 것이 표적식별 또는 신원확인이라고 하는 PIDPositive Identification이다. 실제 마주하는 전투환경에서는 아군에게 적대적인 적 전투원과 적대적이지 않은 적 전투원, 민간인과 신원 미상의 인원 등 굉장히 복합적으로 있기 때문에 누구를 쏘고 누구를 쏘지 말아야 하는지 판단하고 사격을 할 수 있어야 한다.

❑ **방향전환** Direction Change

전투환경은 전방에만 표적이 있는 대부분의 사격장처럼 전방에만 적이 나오지 않는다. 이동하는 방향 등에서 정면이 아닌 좌·우측 방향, 심지어 후방에서도 적이나 위협이 나올 수 있기 때문에 어느 방향에서든 대응이 되도록 훈련을 해야 한다.

방향전환에서 가장 먼저 선행되어야 하는 것은 표적을 인식하는 것이다. 정면이 아닌 방향에서 적이 나왔고 그것에 대한 전파를 받았을 때 무작정 해당 방향으로 회전해서 사격을 하면 안 된다. 항상 표적에 대해서 쏴도 되는 표적인지 쏘면 안 되는 표적인지가 중요하고, 전파를 받았을 때 해당 방향에 아군인데 잘못된 전파일 수도 있고 전투원이 아닌 인원일 수도 있기 때문에 항상 표적 인식을 우선하도록 한다. 이런 표적인식을 위해서는 고개를 먼저 돌려 확인을 하거나 몸을 돌려 확인을 하고 표적이라고 명확히 인식했다면 그때 준비자세에서 바로 조준해서 사격을 하면 된다. 그리고 두 가지 모두 할 수 있도록 훈련을 하는 것이 좋다.

회전 시 땅에서 떨어지지 않고 축이 되는 발은 오른발이 될 수도 있고, 왼발이 될 수도 있다. 이때 둘 다 할 수 있으면 상황에 따라서 주변 아군이 근접해 있을 때 내가 회전하면서 나의 발이 아군에 걸리거나 아군에게 장애물이 되지 않도록 할 수 있다. 그리고 양발 모두 땅에 붙인 상태에서 방향전환을 할 수 있다. 예로 왼발이 앞에 있는 상태에서 그대로 몸과 발을 오른쪽으로 회전하면 굳이 발을 떼지 않고도 방향전환을 할 수도 있다. 결국에는 모든 방법을 할 수 있는 상태에서 내가 처한 상황에서 유리한 방법으로 방향전환을 할 수 있어야 하는 것이 중요하다.

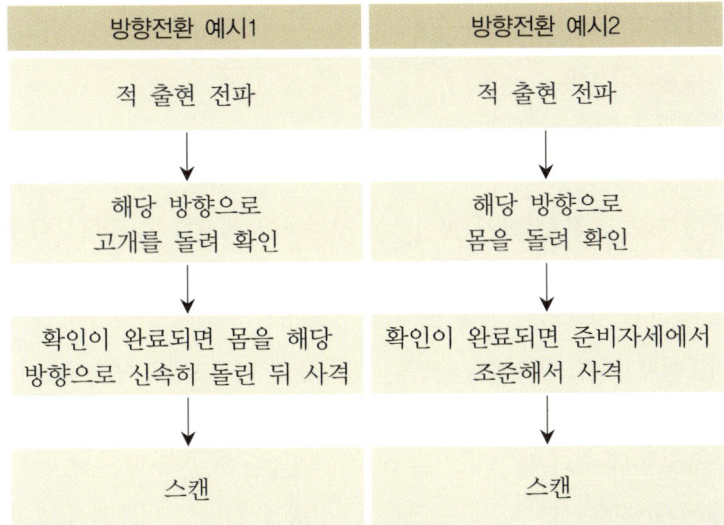

 회전을 할 때 주의해야 할 점 중 하나로 이동대형이나 주변 동료가 있는 상태라면 회전할 때 총구가 아군을 긁지 않도록 하이나 로우로 잘 통제해야 한다.

 일부에서는 방향전환을 해서 사격하는 것을 대테러로 취급하기도 한다. 이는 어느 순간부터 방향전환사격을 대테러 사격이라 칭하고 고착된 현상으로 전시에 도시지역에서 공격작전 간 적이 측면에 나와서 방향전환을 한 뒤에 사격을 하는 것이 대테러 상황이 아니듯 잘못된 인식에 대한 정정이 필요하다.

❏ 기동사격 Shooting on the Move

- 기동하면서 사격
- 기동과 사격을 구분하여 병행

기동사격은 크게 두 가지 방식으로 구분하여 서술한다. 전투상황에서 적이 어디서 나오는지 알면서 사격이 이루어지는 것이 아니고 어디 있는지 모르는 상태에서 경계 및 스캔을 하면서 이동하는 상태가 대부분이다. 이때 적과 접촉했을 때 은·엄폐물로 이동간 사격을 하면서 발사된 탄들을 하나의 이동간 엄폐물로 사용할 것인가 또는 빠르게 은·엄폐물로 이동해서 쏠 것인가를 지형과 사격능력 등 상황을 빠르게 판단해서 실행해야 한다. 또는 근접전투상황과 같이 실내에서 특정상황에서는 멈추는 순간 병목현상과 사격을 집중적으로 받을 수 있기에 움직이면서 사격을 할 수 있어야 한다.

어떤 시기와 형태든 기동이 이루어질 때는 기동하면서 주변 환경을 보고 주의하는 것이 도움이 된다. 기동간 은·엄폐물의 위치와 성질 등 확인했다면 교전이나 사격이 이루어지는 과정에서 효과적으로 사용할 수 있다. 어떠한 요소에 따라 피해서 기동을 해야 한다거나 피해서 기동할 다른 경로가 없어서 그곳을 기동하면서 사격을 해야 한다면 사격의 안정성을 유지하기 위해 어떠한 동작을 해야 하는지 생각하고 실행한다.

건물지역 또는 실내 등에서 이루어지는 근접전투 상황에서는 다양한 구조의 환경에서 이동하면서 사격을 하기 때문에 어떤 방향이든 사격이 가능한 스텝을 훈련해야 하고, 유연한 걸음으로 속도를 조절하고 어느 방향이든 기동하면서 사격이 자연스럽게 이루어질 수 있어야 한다.

기동하면서 사격은 특정 위치까지 이동하면서 사격이 이루어진다. 이는 상대방을 엄폐하게 만들거나 제압을 시켜 작전대원이나 작전팀이 상대적으로 안전해질 수 있는 환경을 만들어 준다. 침투 또는 이동 간에 적이 먼저 아군을 발견하고 쏘는 상황이라면 해당 상황에 따라 다르겠지만 그 적을 먼저 발견하거나 적과의 거리가 가장 가까운 인원이 기동하면서 사격을 하였을 때 다른 아군이 신속하게 은·엄폐를 할 수 있게 만들어 주는 등 기동하면서 쏘는 탄들이 쏘는 인원에게 일종의 엄폐물의 역할을 해주기도 한다.

기동하면서 사격이 많은 비중을 차지하는 것이 CQB와 같은 근접전투 상황에서 이루어지며 건물과 건물 이동, 건물 진입, 복도 이동, 룸 클리어링 등이 포함된다. 이때 자기가 정확한 곳에 조준해서 맞출 수 있는 속도로 기동해야 하며 훈련을 통해 기동하는 속도를 올릴 수 있다. 기동하기 위해 사격이 느려지면 안 되기 때문에 사격 없는 기동을 상대적으로 빠르게 하더라도 사격을 할 때만은 기동 속도를 줄이고 사격을 정확하게 한 뒤 속도를 다시 올려야 한다.

조준점은 표적을 향해 제대로 유지되도록 하는 것이 중요한데 파지한 총이 움직이는 만큼 그만큼의 제어가 필요한 것을 이해해야 한다. 움직이는 도중에도 조준은 최적의 타이밍과 위치가 있기 때문에 그것을 정확하게 잡아서 사격을 할 수 있어야 한다. 천천히 가면서도 제대로 못 맞추는 것은 이동속도의 문제가 아니라 조준을 유지하는 능력의 문제가 클 수 있다.

방아쇠를 당기는 타이밍은 한쪽 발이 떠 있을 때로 한다. 작용 반작용의 원리를 생각하면 발이 땅에 붙는 순간에 가장 많이 흔들리고 이동할 때 다음 발이 공중에 떠져 있을 때가 가장 덜 흔들린다. 훈련을 할 때 한쪽 발이 떠 있을 때 격발하는 것으로 훈련하면 상대적으로 쉽고 빠르게 숙달할 수 있다.

개인마다 일정한 걸음걸이가 있는데 걸음걸이에 따라 조준도 일정한 패턴으로 흔들리는 것을 찾아야 한다. 이를 알고 조준을 유지하는 능력과 가장 덜 흔들릴 때 또는 조준점이 언제쯤 내가 원하는 위치에 오는지 알고 방아쇠를 당길 수만 있으면 발이 땅에 붙어 있는지 없는지는 그렇게 중요하지는 않게 된다.

기동하면서 전방의 표적에 대해서도 할 수 있는 것은 물론 좌측과 우측에 대해서도 기동하면서 사격을 할 수 있어야 한다. 바로 90° 측면으로 사격을 하기 어렵다면 우선 각도를 45°정도로 대각선으로 기동하면서 사격을 먼저 하면 도움이 된다.

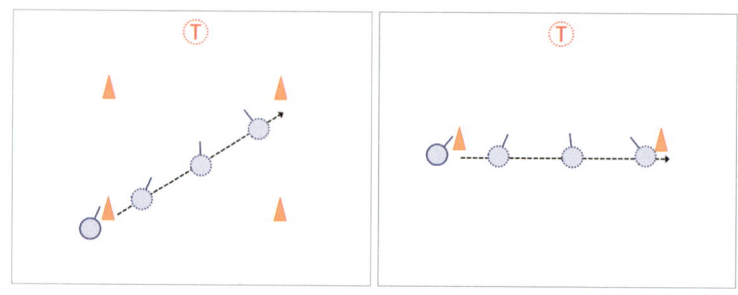

〈사진 26〉 **측면 기동사격 훈련 예시**

측면으로 기동할 때 보조손의 방향이 아닌 주손이 있는 방향으로 사격을 하면서 이동할 때는 우수자 기준으로 오른쪽팔과 옆구리를 찌그러뜨리듯이 모아서 오른쪽 방향을 보면서 조준을 하면 그냥 하는 것보다 상대적으로 쉽게 할 수 있다. 그리고 측면으로 이동을 한다고 해서 다리가 서로 교차되게 게걸음으로 움직이면 걸려서 넘어지거나 안정적이지 않기 때문에 하지 않도록 한다.

〈사진 27〉 **주손 방향으로 측면 사격 예시**

측면으로 기동하면서 2개 이상의 표적을 사격할 때는 멀리 있는 표적부터 쏘는 것과 가까운 표적부터 쏘는 것 둘 다 훈련을 해야 한다.

뒤로 기동하면서 하는 사격은 비중이 매우 적으며 실제로 할 때는 어딘가에 걸려 넘어지는 등의 위험이 있고, 기동하는 방향에 장애물을 직접 알 수 없기 때문에 별도로 하지는 않는다. 한다면 쏘면서 기동이 아닌 쏘고 기동하고 쏘는 방식으로 한다.

기동과 사격을 구분하여 병행하는 것은 상황에 따라 다르겠지만 제자리에서 대응사격을 빠르게 한 뒤 포인트로 이동하거나, 바로 포인트로 이동한 뒤 그곳에서 정밀하게 대응하는 방법으로 나눌 수 있다. 적과 가깝거나 다른 팀원에 비해 상대적으로 먼저, 그리고 효과적으로 쏠 수 있는 인원이 먼저 쏴서 엄폐물 역할을 해주고 팀원이 포인트를 잡으면 얼른 안정된 포인트로 이동하는 등 상황에 따라 효율적이고 유연하게 적용해야 한다. 상대적으로 기동하면서 사격보다 더 빨리 기동해서 일관된 속도로 사격을 할 수 있으며, 고정된 위치에서 사격하는 것은 이미 훈련을 처음부터 해왔다는 장점이 있다. 결국 이 방법은 개인 이동기술인 IMT Individual Movement Technique에 사격을 추가한 것이다.

❏ 스트레스 사격Stress Shooting

전투상황은 대체로 육체적이든 정신적이든 편안한 상태에서 이루어지지 않으며, 상황에 따라서는 끊임없는 전투와 피로에 따른 힘든 상황도 있기 때문에 이러한 힘든 상황에서도 정확히 사격할 수 있는 능력을 가져야 한다.

총기 안전수칙 및 기본적인 총기를 다루는 것을 잘하는 가운데 실시하는 것으로 저광도 사격과 함께 비교적 후반 단계에서 숙달하는 사격이기도 하다. 사격 간 바리케이드와 함께 많이 병행하며 체력적으로 힘들게 한 뒤 통제하는 사람이 통제 또는 방해를 하면서 사격을 진행하기도 하고 통제하는 예시는 다음과 같다.

- 통제하는 사람은 바리케이드 위치를 막대 등으로 랜덤하게 계속 짚어주고, 사격하는 인원은 짚어주는 곳에 맞게 자세를 잡고 사격
- 사격하는 곳에 자갈 등이 있다면 사수가 사격 간 통제하는 인원이 막대로 자갈을 튀기는 등의 행위를 하기도 함
- 사격 간 통제인원이 막대로 사격자의 탄피 배출구를 막아 기능고장을 일으킬 수 있고, 이때 사수는 기능고장 처치를 하고 계속 사격을 이어나가야 함

또 하나의 요소로는 시간의 제약을 주기도 하지만 단순 스포츠 경쟁하듯이 시간기록을 위한 장치로 하면 안 된다. 실제 전장만큼의 스트레스를 주지 못하기에 시간이라는 제약을 주는 것이고, 스스로가 기준점을 두고 발전할 수 있게 하기 위함이다.

스트레스 사격은 상대적으로 위험한 훈련이기에 주로 주간에 실시하고 체력적으로 스트레스를 주기 위해 모든 장구류탄이 삽입된 탄알집 포함를 실제로 휴대한 상태에서 특정 거리를 전력질주 또는 그냥 달리게 한 뒤에 사격을 할 수 있다. 또는 동일하게 휴대한 상태에서 버피나 탄통 나르기 등 고강도의 동작을 반복시킨 뒤 사격을 할 수도 있고, 시나리오식으로 사격 후 체력적으로 고갈된 상태에서 간단한 TCCC상황과 후송 후 다시 사격하는 곳으로 돌아와 사격하는 등 원하는 훈련 목적에 맞게 훈련하는 부대에서 다양하고 창의적으로 할 수 있다.

❏ 드라이 파이어 드릴Dry Fire Drill

탄을 사용하지 않는 훈련으로 흔히 PRIPreliminary Rifle Instruction로 불리기도 하는 '공空탄' 또는 '공空격발 훈련'이다. PRI는 사격술 예비훈련으로 주로 사용하는데 직역하면 소총 예비훈련으로 美훈련소에서 양성하는 훈련병을 대상으로 하는 소총에 대한 기본적인 교육을 지칭하기 때문에 필자는 사격술 예비 훈련 또는 탄을 사용하지 않는 훈련이기에 '드라이Dry'라고 표현하는 것이 더 적합하다고 생각한다.

탄이 없는 상황에서 격발하기 전 또는 격발하는 훈련으로 개인 및 부대별 설정한 훈련목적에 맞춰 훈련할 수 있다. 목적에 맞게 다양하고 창의적으로 훈련을 진행하면 되는데 처음부터 무작정 빠르게 하기보다는 부드럽고 가장 정확하게 할 수 있는 본인만의 속도로 실시하며 숙달하면서 속도를 올린다. 각 과정 속에서 불필요한 동작들을 없애면서 빠르고 정확하게 움직일 수 있는 동선으로 효율적인 과정이 이루어질 수 있도록 하고, 이때 필요시 장구류의 세팅 또한 바꿔서 효율적인 동작이 되도록 할 수도 있다.

드라이 파이어 드릴에서 가장 중요한 것은 첫 번째가 약실 확인을 통해 탄이 없다는 것을 확인하는 것이다. 그리고 훈련은 짧게 5~10분을 하더라도 스스로 집중해서 하는 것이 중요하고 본인의 컨디션에 맞춰 시간을 더 추가해도 좋다. 특정 거리에 표적을 세우거나 식별 가능한 물체를 표적으로 할 수도 있다. 다음은 훈련예시로 참고하면 된다.

- 다양한 준비자세에서 조준 또는 격발 및 스캔까지 진행하는데 각 단계별로 차근차근 진행
  * 조정간 안전을 위해 트리거에 손가락만 얹혀 당겼다로 해도 됨
  * 준비자세 숙달과 동시에 총구방향, 조정간 조작, 핑거 세이프티 등 기본적인 사항도 숙달
- 보조화기 홀스터 드로우
  * 홀스터에서 뽑아서 조준 / 격발 / 스캔 / 홀스터 결속의 과정 진행
- 단일표적 및 복수의 표적
- 신속재장전 및 전술재장전
- 보조화기 전환
- 보조화기 전환과 재장전을 섞어서 진행
- 드라이 진행 간 광학장비도트사이트, 표적지시기, 야간투시경 등도 함께 조작하는 것도 연계하여 진행 등

❏ 작전대원을 위한 3단계 사격훈련

- 1단계 : **명령사격**Command Fire
- 2단계 : **사격판단**Decision to Fire
- 3단계 : **상황사격**Situational Fire

1단계인 명령사격Command Fire은 신호나 통제에 맞춰 사격하는 것으로 별도의 생각하는 사고과정 없이 빠르게 쏘는 것에 초점을 둔 사격이다. 시간 안에 빠른 반응으로 사격을 하는 것으로 샷타이머를 사용할 때 부저음이 울렸다가 끝날 때까지 있다가 사격하는 것이 아니라 부저음의 시작과 동시에 반응해서 사격할 수 있어야 한다. 그리고 이때 준비자세에서 사격까지는 샷타이머 기준 1.10초로 하면 된다.

이 사격은 BB탄을 사용하는 에어소프트건으로도 충분히 훈련할 수 있다는 장점이 있다. 실탄이 아니기 때문에 장소에 대한 제약이 상대적으로 적을 뿐이고 BB탄이지만 종이표적에 탄흔이 남기 때문에 빠른 시간에 반응해서 정확하게 사격할 수 있다. 이때 5~7m 등 가까운 거리에서부터 시작하면 된다. 이런 사격처럼 2발 이상이 아닌 단발로 하는 사격에는 에어소프트건이 도움이 되지만 2발 이상 연속해서 사격을 하는 것에는 에어소프트건이 그렇게 도움이 되지는 않는데, 실탄과 가장 큰 차이인 사격으로 인한 반동 때문이다. 2발 이상 넘어가는 사격은 초탄에서 발생한 반동이 그 다음 탄에도 영향을 주기 때문에 반동을 제어하면서 정확하게 사격을 해야 하지만 에어소프트건의 경우 반동이 없기 때문에 무난하게 사격을 할 수 있다.

2단계인 사격판단Decision to Fire부터는 생각하는 사고과정이 들어가서 사격여부를 판단하고 선별할 수 있는 능력에 초점을 둔 사격이다. 대상을 보고 사격을 해야된다고 판단을 했다면 1단계인 명령사격으로 훈련된 빠른 사격을 한다. 다음은 사격판단 훈련 예시다.

- 총을 표시한 표적과 컵이나 스마트폰을 표시한 표적을 선별 사격
  * 부대별 설정한 훈련목적에 따라 아무것도 없는 표적도 함께 둘 수도 있고, 이 표적 또한 사격할 수 있음
- 표적에 숫자를 적고 해당 숫자만 사격
- 특정 숫자를 부르면 숫자가 적힌 표적들을 쏴서 합한 숫자가 특정 숫자가 되는 사격
  * 예 : "11사격" → 5표적과 6표적을 사격
  * 여기의 숫자 선별은 추상적인 것으로 뇌를 훈련하는 것이기 때문에 사람을 선별PID해서 사격하는 것이랑은 크게 관련은 없다.
- 격실 안에 특정 표적만 사격

3단계인 상황사격Situational Fire부터는 실탄이 아닌 모사탄[18]을 사용하여 종이표적이 아닌 사람을 쏘는 것으로 언제 사격을 해야 할지 판단하는 것에 초점을 둔 사격이다. 표적이 행동하기 시작하기 때문에 사람의 개입이 있는 상태의 훈련이다. 그러다 보니 이 단계는 사람이 있어야 하고, 제일 중요한 요소는 사람의 상호작용Human Interaction인 단계다.

이 단계에서는 총 든 사람과 안 든 사람을 넣어서 상황을 조성한 뒤에 훈련을 하면 그 결과가 좋은 결과든 나쁜 결과든 그것을 바탕으로 일종의 기준Standard을 세울 수 있다. 즉 필요할 때 사격을 하는 것인데

---

18) 모사탄(CCMCK, Close Combat Mission Capability Kit) : 근접전투 훈련용 키트로 훈련에만 사용되는 비살상용 탄과 전용 노리쇠만 바꿔 사용한다. 대표적으로는 시뮤니션(Simunition)과 UTM(Ultimate Training Munitions)가 있다.

상황을 판단하고 어느 시점에 사격을 할 것인지 결정할 수 있는 훈련인 것이다. 이는 앞선 단계와 연계되는 것인데 상황을 판단했다면 2단계인 사격판단으로 사격을 할 수 있어야 한다.

  작전대원은 단순 점수용 스포츠식 사격을 하는 것이 아니기 때문에 작전환경에서 제대로 임무수행할 수 있도록 사격을 해야 되는 이유를 마인드셋하고 뇌를 계속 활성화해야 한다.

❏ 사격장 통제

총기 안전수칙은 충분한 훈련을 통해 사격장이든 아니든 어디서든 당연히 지킬 수 있도록 하고 사격장에서 지키지 못한다면 과감히 그날 사격에서 제외 시킬 수 있어야 하는 것도 중요하다. 사격장에서 사격을 할 때는 일반적으로 군의 사격장에 있는 안전수칙을 행정적으로만 복명복창하는 것이 아니라 실질적으로 해당 사격장과 사격에 맞는 필수적인 행동사항을 전파하는 것이 중요하다. 만약 이러한 것들도 불안하다면 그것은 아직 훈련이 제대로 되지 않았다는 것으로 실사격을 진행하기 전 충분한 교육 및 드라이가 필요하고, 불안하다고 해서 실사격 자체를 하지 않으면 그것 또한 매우 독이 되는 행동이다.

총기는 사선에 가거나 나올 때를 포함하여 별도로 좌또는 우경계총을 하여 이동하지 않도록 한다. 경계총의 경우 한 손으로 총을 파지하고 다른 한 손으로 탄알집이 든 바구니 등을 잡고 이동을 하는 경우가 많은데 이때 문제점이 양손이 자유롭지 않기 때문에 넘어지는 등에 굉장히 취약하다. 총기는 슬링을 줄이고 몸에 자연스럽게 매면 된다. 이렇게만 해도 총구는 아래로 향하고 필요하면 언제든지 양손이 자유롭다는 장점이 있다.

 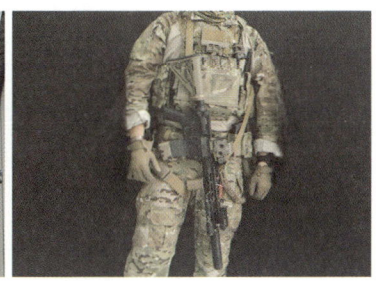

〈사진 28〉 **우경계총좌과 총기휴대 예시우**

사격장에서 통제할 때 인원들이 총을 휴대하는 것은 〈사진 28〉의 총기휴대로 하면 되고, 사로에 올라간 부사수나 대기하고 있는 인원처럼 총을 휴대 안 해도 되고 총기를 거치할 수 있는 전용 거치대가 있다면 그곳에 거치를 하고 그게 아니라면 벽이나 기둥 등에 거치하거나 사총하는 것이 아니라 바닥에 놔둘 수 있도록 통제한다. 총기에 광학장비들이 있는 경우 사총하거나 벽에 기대어 놓는다면 대부분 넘어지면서 광학장비에 충격이 가해지기 때문에 권장하지 않는다. 그리고 바닥에 놔둘 때도 한눈에 이 총이 안전한 상태라는 것을 알 수 있도록 '챔버 플래그Chamber Flag'를 약실에 넣은 상태로 놔두거나 노리쇠를 후퇴고정한 상태로 탄피배출구가 하늘 방향으로 향하도록 놔둔다.

사격 전 인원들을 모아서 사격을 어떤 것을 하는지와 진행에 관련한 사항과 안전에 관한 사항을 전파 및 점검을 한다.

개인 보호장구류는 잘 착용을 했는지 확인하고, 이때 눈을 보호하는 아이 프로텍션Eye Protection은 APEL[19])에 등록된 고글 종류 또는 최소한 밀스펙Military Spec의 성능이 있는 것으로 한다. 장갑은 작업용으로 사용하는 장갑이나 반장갑이 아닌 실제 전투용으로 사용하는 전술장갑을 그대로 착용해서 손을 보호하고 전투에서 장갑을 착용한 상태에서도 사격 실력이 나올 수 있도록 한다. 개인응급처치킷IFAK, Individual First Aid Kit 또한 개별 휴대하여 우발상황에 즉각 대처할 수 있도록 한다.

상황발생 시 대처에 관한 사항은 다음 항목을 정하여 전파하고 확인한다.

---

19) APEL(Authorized Protective Eyewear List) : 美육군에서 승인한 공인된 고글 목록

- 사격 간 AMB의 위치와 운전자와 대기인원이 누구이고 어디에 있는지
- 총상처치가 가능한 병원의 위치와 거리, 이동시간
- 상황발생 시 해당 인원을 바로 조치할 인원 2명주, 예비
  * 주 : 응급조치
  * 예비 : 주가 못할 때 응급조치
- 상황발생 시 AMB 및 이동을 위한 통제 인원 2명주, 예비
  * AMB 및 대기인원을 부르는 인원으로 사선에 주로 있는 사람
  * 무전기 등 실시간 통신수단이 있으면 운용인원

계절적인 요인으로 특히 기온이 높은 날에는 폭염키트가 구비되어 있다면 그것의 위치와 조치자 또한 정해놓을 수 있으며, 사전에 아이스박스에 물을 채워놓고 안에 얼음이나 아이스팩 또는 얼린 일회용 물 등 넣은 것을 준비하여 사격장 내 특정위치에 위치시킨 후, 개별 어지럽거나 덥다면 알아서 그곳에 가서 경동맥이 지나는 목에 얼린 일회용 물이나 아이스팩을 대서 시원하게 만들거나 양팔을 손에서 팔꿈치까지만 아이스박스 물에 30초 담궜다가 만세 하듯이 펼쳐서 시원한 혈액이 몸에 돌 수 있도록 한다.

사격 전 별도의 시간이 가용하다면 실제 사격하는 사로에서 도트사이트 같은 광학장비를 켜서 거기에 맞는 광량조절을 할 수 있도록 한다. 별도의 시간이 가용하지 않다면 사선에 입장 시 알아서 맞춰서 조절할 수 있도록 통제한다.

사격 간 탄알집을 거둬서 수불관 또는 별도의 인원을 통해 한번에 삽탄 후 불출되는 경우가 많다. 이것의 문제점은 개별 탄알집이 섞여 탄알집 관리에 어려움이 발생한다. 어떤 상태인지도 모르는 타인의 탄

알집을 사용하는 것은 바람직하지 않으며 탄알집도 사용자 본인이 스스로 관리해야 하는 것이기 때문에 고장이나 파손이 나더라도 본인의 것을 사용해야 바로바로 조치가 가능하다. 그리고 본인이 사격할 탄을 다른 인원이 해주는데 이처럼 타인이 삽탄해 주는 것은 본인이 직접 하는 것만큼 믿을 수 없기 때문에 그 탄알집에 대한 신뢰도에 문제가 발생한다.

삽탄하는 것 또한 능력이지만 본인이 직접 삽탄을 하지 않으면 숙달이 되지 않아 삽탄에 미숙한 인원을 만들어내는 문제를 발생시킨다. 그렇기 때문에 탄은 개별 불출하여 사격하는 사람이 개인의 탄은 스스로 삽탄할 수 있도록 한다.

되도록 그날 사격하는 탄은 한 번에 전부 불출받아 삽탄 후에 파우치에 휴대하는 것을 할 수 있도록 한다. 본인의 장구류에 직접 휴대하면서 사격같은 훈련 때부터 휴대 간 불편함이 없는지 또는 휴대 무게를 몸에 익숙하게 하는 훈련을 한다. 그리고 사격할 때 가용하다면 탄을 3탄알집 이상 사용할 수 있도록 하는 것이 좋다. 1~2개의 탄알집만 사용한다면 매번 똑같은 위치에만 사용하지만 실제로 전투할 때는 스포츠 사격 하듯이 1~2개만 휴대하지 않기 때문이다.

그날 사로에서 사격을 통제하는 통제관은 권총에 탄을 1탄알집 장전해서 들어갈 수 있다. 그렇게 되면 혹여나 불미스러운 일에 직접적인 대응을 할 수 있기 때문에 중요한 부분이기도 하다.

사격을 준비할 때는 통제인원이 "노리쇠 후퇴고정", "탄알집 결합", "탄알 1발 장전", "조정간 단발" 등 하나하나 통제하지 않는다. 실전에서도 동작을 하나하나 통제를 할 것도 아니고 평소 훈련을 이런식으로 한다면 실전에서는 능동적으로 못하는 인원을 만드는 행위기도 하다. 그래서 "사격준비"라는 통제만 하면 스스로 3포인트 체크부터 장전 후 프레스 체크까지 하고 해당 사격에서 통제한 하이레디든 로우레디든 준비자세를 하면 된다. 이렇게 하면 통제하는 인원은 준비자세가 되었는지만 확인하면 되기 때문에 통제의 용이성과 사수는 알아서 하는 능력이 당연히 생긴다. 만약 이정도 수준조차 안 된다면 총기를 다루는 훈련이 부족한 것이기 때문에 실사격은 욕심을 가지고 급하게 하지 않도록 한다.

이어서 사격이 끝났을 때도 사수 스스로 약실확인 및 탄알집제거, 안전검사까지 완료한 이후 총을 몸에 걸거나 별도의 준비자세로 대기하는 등의 행동을 하면 된다. 통제 인원은 사격 준비와 마찬가지로 한눈에 봐도 사격 중인지 아닌지 알 수 있기 때문에 통제의 용이성이 높다. 사로의 전 인원이 사격이 끝났다면 이어서 다음사격 등을 하면 되고 만약 한 번 더 확인을 하고 싶다면 통제인원이 안전검사를 한 번 더 할 수는 있지만 이때도 굳이 노리쇠를 2~3회 후퇴전진 같은 불필요한 행동은 하지 않도록 한다.

사격장에 따라 표적지를 교체하기 위해 사선으로 나가야 할 때 사수들의 총기를 총구가 표적방향으로 향하게 한 뒤 바닥에 놔두고 가는 경우가 있는데, 이는 어떻게 보면 총구라는 사선에 들어가는 행위이기 때문에 안전수칙 위반으로 볼 수도 있다. 그리고 이러한 사소한 것들로 인해 총구 앞을 지나가거나 총구 앞에 사람이 있는 상황을 대수롭지 않게 생각하게 만들기 때문에 이때는 사수가 총을 몸에 걸고 그대로 이동하도록 한다.

다음은 사격장에서 사격을 진행하는 하나의 예시로 참고하고, 적용할 것은 적용하고 상황에 맞게 더하거나 빼서 융통성 있게 할 수 있도록 한다.

사격장에서 사격 전 예문

표적 설치하고 나머지 완료되면 00:00까지 수불대 앞으로 집합하세요. 다 왔나요?
사격하기 전에 안전사항과 오늘 사격 진행에 대해서 간단하게 전파하고 시작하겠습니다.

모든 총기는 실탄이 장전된 것으로 간주하겠습니다. 그렇기 때문에 총구는 절대 사람에게 겨누지 않습니다. 겨누는 인원은 오늘 사격에서 과감히 제외시키겠습니다.
그리고 사격할 표적에 조준을 하면 그때 조정간 단발과 손가락을 방아쇠에 손가락을 올립니다. 너무 당연한 이야기라 새삼스럽지 않죠?

사격 간 위험한 상황 또는 위해요소가 있다면 누구든지 바로 "사격 중지!"라고 외쳐 전파를 하고, 이때는 모든 인원이 그 자리에서 정지합니다. 이해했습니까?

오늘 사격 간 AMB는 수불대 왼쪽에 위치해서 그 안에 운전병이랑 응급구조사또는 군의관 등가 함께 있습니다. 저기 AMB 보이나요? 저기에 위치하고 있습니다. 총상 발생 시 ○○병원으로 이동하는데 이동거리 ○○km로 ○○분 소요됩니다.
개인응급처치킷 다 휴대하고 있나요? 한 번씩 보여주시고, 네~
상황발생하면 주 처치자는 ○○○중사가 맡고 예비로는 ○○○하사가 합니다. 손 들어주세요 확인했죠?
그리고 AMB 및 대기인원에게 전파 및 데려오는 것은 제가 하고 제가 제한되면 ○○○중위가 하는데 그 상황에서 가장 빨리 할 수 있는 사람이 하는 것으로 하겠습니다.

오늘 날씨가 무더운데 어지럽거나 컨디션에 이상이 있으면 바로바로 알려주세요. 본인의 상태는 본인이 잘 알기 때문에 먼저 캐치해서 알려줘야 하고, 수불대 옆에 저기 아이스박스 보이죠? 저기 얼음물이 담

겨져 있으니 얼음물로 목에 피가 지나는 경동맥에 대거나 팔을 팔꿈치까지만 30초 정도 담궜다가 만세를 하던지 중간중간에 스스로 조치를 하면 됩니다. 저기 말고도 대기장소 앞에도 아이스박스가 1개 더 있기 때문에 가까운 곳에 것을 사용하면 됩니다. 이해했나요?

총기는 개별 슬링을 몸에 걸어서 자연스럽게 총구가 아래로 가게해서 편하게 휴대하면 되고, 대기할 때 놔두는 인원은 저기 옆에 있는 총기거치대에 거치하거나 바닥에 놔둘 때는 노리쇠 후퇴고정해서 하늘 방향으로 해서 누가 보더라도 총기가 안전한 것을 알 수 있게 합니다. 늘 하던거라 알겠죠? 챔버 플래그가 있는 사람은 챔버 플래그를 끼워놓으면 됩니다.

탄은 불출관인 ○○○중사의 통제 따라 조별로 불출 받아서 개별 삽탄 후 파우치에 휴대해서 사로로 올라옵니다.

오늘은 사격 전 별도로 사로에 다같이 올라와서 확인할 시간을 주지 않으니 사로에 위치하면 개별로 알아서 조준경 광량 등 확인하세요. 사수들은 총기를 몸에 걸고 있는 상태로 대기하다가 제가 통제하면 진행하겠습니다. 그리고 부사수들은 총기를 사로별 거치대 또는 바닥에 총구방향을 뒤쪽으로 해서 놔두고 부사수 위치에 위치하는데 사격 간 사수가 장전이나 준비자세로 대기를 안 한다든지, 사격내용을 헷갈리거나, 또는 안전검사를 제대로 하는지 등 옆에서 보조를 잘하고 놓치는 게 있으면 바로바로 사수를 통제해줍니다.

오늘 사격은 기존 사격계획이 전파된 대로 처음 웜업드릴 후 체크드릴 및 ORT를 합니다.
* 사격 관련 설명

여기까지 질문 있나요?
없다면 조별로 준비해서 1조와 2조는 00:00까지 사로에 입장하세요.

사격 진행 예시

"사격 진행하겠습니다. 사격준비"

↓

사수 : 장전절차
예 : 3포인트 체크, 탄알집 결합 및 장전, 프레스 체크
→ 준비자세로 대기

↓

통제관은 사수들이 모두 준비자세로 대기하고 있는지
육안으로 확인하고 확인이 되었다면 이어서 진행

↓

통제관 : "사격 개시" or "Standby Up" or "Standby" 후
샷타이머 부저음 등

↓

사수 : 사격 완료되면 개별 안전검사
예 : 노리쇠후퇴고정을 느끼거나 확인, 탄알집 제거, 노리쇠
전진, 격발, 이상없으면 노리쇠 후퇴전진, 조정간 안전
→ 총기 몸에 걸고 대기 권총의 경우 홀스터에 결속

↓

통제관은 사수들이 모두 사격이 완료되고, 총을 몸에
걸고 있는 것을 육안으로 확인이 되었다면 이어서 진행
* 부대의 숙련도에 따라 추가적인 안전검사를 하겠다면 해도
되지만 항상 효율을 생각

↓

탄피 확인 또는 표적지 교체 등 이후
사격한 조는 퇴장시키고 부사수 조 이어서 진행

❏ 탄의 구경Caliber

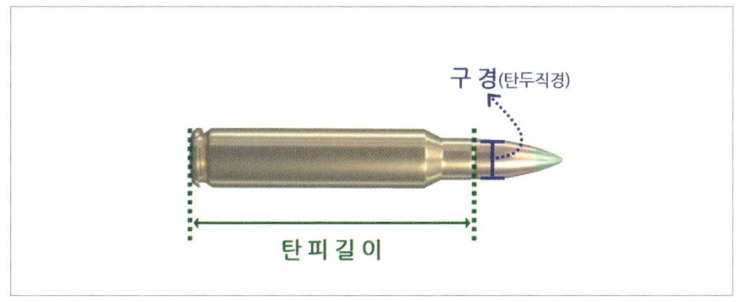

〈사진 29〉 **탄약 구경**

탄의 구경은 캘리버Caliber라고 하며 줄여서 Cal.이라고도 한다. 또는 영국식으로 Calibre로 표현하기도 한다. 탄의 구경이라고 표기되는 수치는 탄두가 빠져나오는 총열 구멍의 직경인 지름을 의미하고 이는 곧 탄의 지름과도 관련이 있게 된다. 이처럼 총열 지름을 기준으로 한 구경을 표기하는 것도 있고, 탄자의 지름을 기준으로 한 구경을 표기하는 것도 있다.

구경의 단위는 mm 또는 인치로 나타내고 '탄의 숫자통상 구경×탄피 Case길이'로 탄피의 길이와 같이 표기되어 예시로 다음과 같이 '5.56mm×45'나 '7.62mm×51mm' 등으로 표기된다. mm로 나타낼 때는 단위와 함께 5.56mm / 7.62mm / 9mm 등으로 표기되고, 인치로 나타낼 때는 1의 자리의 0은 생략하고 소수점 이하의 숫자로 223 / 300 / 308 / 338 / 45나 소수점을 붙여 .223 / .300 / .308 등으로도 표기한다. 또는 뒤에 구경을 붙여 45구경과 같이 표기하기도 한다. 탄들은 구경의 단위 또는 별도의 명칭이 붙어서 불리고 같은 구경의 탄이어도 탄종에 따라 명칭이 다르기도 하다.

그리고 탄피 길이에 따라 같은 구경 내에서도 탄종이 달라지기 때문에 잘 봐야 한다. 같은 구경이어도 생산하는 회사나 규격에 따른 종류 탄피길이, 탄피두께, 압력, 약실 치수 등에 따라 호환이 될 수도 있고 안 될 수도 있다. 흔히 많이 하는 오류로는 같은 7.62mm라고 기관총탄을 저격수 소총탄으로 당연히 쓸 수 있을 것이라는 생각이 있다.

구경에서 표기된 단위와 탄의 실제 단위는 정확히 일치하지는 않는다. 치수가 명목치와 실제치가 차이가 있는데 탄은 구경보다 약간 크게 제작되며 5.56mm의 경우 실제 탄자 지름은 5.7mm.224로 강선에 의해 약간 찌그러지며 발사되어야 제대로 강선에 물리기 때문에 구경보다 약간 크게 제작된다.

7.62mm의 경우에도 실제로는 약 7.82mm의 값을 가지기도 한다. 그래서 탄종에 따라 7.62mm가 .300인치나 .308인치가 될 수도 있다. 물론 모든 탄이 이렇지는 않으며 탄자의 지름과 일치한 구경을 가진 탄도 있다.

다음의 표는 대표적인 탄의 명명법이다.

유럽식	미국식 흑색화약 사용 탄약	미국식 무연화약 사용 탄약
'mm단위 구경'× 'mm단위 탄피길이'+ '특성 또는 있는 명칭'	'구경'− '그레인 단위'	'구경'+ '특정 명칭회사이름 등'[*3]
예시	예시	예시
• 5.56×45mm NATO[*1] • 7.62×39mm • 7.62×51mm NATO • 7.62×54mmR • 9×19mm • 9×19mm HPHollow Point	• 45−70 • 44−40 • 45−70−405[*2]	• 45ACPAutomatic Colt Pistol • 380ACP • 223 Remington • 308 Winchester • 9mm Parabellum • 9mm Luger

[*1] 내에서도 탄 종류와 특징에 따라 모델이 많이 있음(M193,[20] M855,[21] M855A1 등)
[*2] 3번째는 탄자의 무게(그레인 단위)를 표기한 것도 있다.
[*3] 여기서 구경은 총의 구경 또는 그 구경에 근접한 값, 총열의 강선이나 강선홈의 지름 또는 개발 당시 잡아놓은 탄의 지름을 쓰기도 한다.

38구경탄의 경우 총열 또는 탄자의 지름이 아닌 탄피의 지름에서 비롯된 명칭도 있으며 이외에도 다양한 명명법이 있다.

---

20) .223 Remington을 강화한 미군 제식 탄약으로 한국군은 KM193이 이에 해당된다.
21) M193의 성능 부족으로 SS109 기반으로 교체한 미군 제식 탄약으로 한국군은 K100이 이에 해당된다.

02
CQB

"전술에 정답은 없지만 오답은 있다.
그리고 아는 것과 할 수 있는 것은 다르고,
할 수 있는 것과 가르칠 수 있는 것은 다르다."

KOALA

step.1 들어가기

CQB는 Close Quarters Battle의 약자로 근접전투 또는 근접전투에 쓰이는 기술 전반을 의미한다. 그러다 보니 CQB에 대해서 사람들이 오해하는 것 중 하나가 CQB가 건물 내부에서만 국한된 것으로 알고 있는데, CQB는 '건물 내부 – 건물 내부' / '건물 외부 – 건물 외부' / '건물 내부 – 건물 외부' 등 실내·외를 막론하고 인공구조물이 있는 곳은 예외없이 CQB가 적용된다. 그리고 물리적인 거리의 개념으로 CQB를 정의기도 하는데 예시로 CQB는 25m 이내 또는 100m 이내 등에서 이루어지는 상황 또는 기술이라고 한다. 이 또한 대표적으로 잘못 알려져 있는 것 중 하나이다. 예를 들어 여기에 따르면 건물 안이어도 규모에 따라서는 복도나 방의 끝과 끝이 25m가 넘는 곳들이 많이 있다. 이러한 곳은 CQB가 아닌가? 또는 건물에서 건물의 거리가 100m가 넘는 곳은 많이 있다. 이것은 CQB가 아닌가? 이러한 부분은 CQB를 단순히 물리적인 거리의 개념으로 접근하기 때문에 발생한 것이다.

CQB의 근접은 물리적 거리가 아니라 상황적 거리의 개념으로 접근해야 한다. 이 상황적 거리는 물리적 거리에 의한 상황 자체가 근접인 것도 포함이 되고, 적 무장의 여부나 발전에 따라서도 근접이 된다. 예시로 같은 100m 거리의 적이어도 소총에 도트사이트를 장착했다면 조준 및 사격의 시간이 빠르다. 그리고 직접 뒤쪽까지 가서 확인하기 전까지는 동일한 지점에 대해서는 100m든 10m든 위험한 것은 마찬가지다. 결국 이는 후술할 OODA Loop가 CQB가 아닌 산악전과 같은 상황에 비해 상대적으로 급박해지기 때문에 CQB상황이 되는 것이다.

이런 이유에서 단순 물리적 거리뿐만 아니라 이를 포함하는 상황적 거리에 따라 근접한 상황이 CQB라는 것이 타당하다.

2021년 기준 통계청의 자료에 따르면 전체 인구 대비 도시에 거주하는 인구의 비율인 도시화율은 대한민국이 자그마치 90.7%로 인구의 대부분이 각종 인공구조물 투성이인 도시에 살고 있다. 그리고 도시는 과거보다 그 규모와 복잡성은 매우 높아지고 있으며 그 속에는 국가중요시설이나 군사중요시설 또한 함께 있는 것이 대부분이다. 이러한 환경적인 요인에 적과 아군 모두 이런 인공구조물에 의지해 특정 목적을 달성하기 위해 군사적 활동을 한다. 그리고 여기에서 적을 제거하는 등 작전활동을 하려면 아군 또한 직접 인공구조물로 들어가야 하는 상황이 대부분이다. 그렇기 때문에 전투를 직접적으로 수행하는 작전대원이라면 CQB는 선택이 아닌 필수이다.

〈사진 1〉 대한민국 도시 사진

현재 휴전상태인 대한민국의 주적인 북한 지도부와 북한군 또한 인공구조물과 함께 있으며 북한의 도시화율은 KOSIS 국가통계포털에 따르면 2025년 기준 63.8%로 추정된다. 우리의 작전지역이나 북한에서 전투가 일어나는 곳은 도시가 없다라는 말도 있지만 적의 진지나 참호 또한 근접전투상황의 환경으로 여기에서 효과적으로 전투를 하기 위해서라도 CQB는 필요하다.

　포격이나 미사일, 항공화력 등으로 건물지역을 해결할 수 있다고 하는 사람들이 많지만 실상은 전혀 그렇지 않다. 도시화율이 높다는 것은 그만큼 사람들이 많이 모여있기 때문에 도시화율이 높고 규모가 크다는 것인데, 민간의 피해를 신경 쓰지 않는다면 전쟁에서 국민 지지율와 정치적인 리스크를 치명적으로 안고 가야 하기 때문에 절대 유리하지 않은 선택이다. 또한 화력을 쏟더라도 그곳이 적의 정유소나 전기 생산과 같은 중요한 기반시설인 국가중요시설이나 군사중요시설이 아닌 이상, 건물 안의 적에게 화력을 쏟은 것이라면 결국 사람이 직접 가서 최종 확인이나 점령하는 것은 필요하다. 그리고 적이 분대급 이하의 소규모로 있다고 항상 비싼 화력을 쏟을 수 있는 군수 능력이 가용한 것도 아니다.

　건물에 따라 다르지만 현대의 건축은 발전으로 인해 약하지 않다. 웬만큼 퍼붓는 것이 아니라면 건물을 완전히 무너뜨리는 것은 쉽지 않을뿐더러 완전히 무너지지 않았을 시 내부에 있는 적이 살아있을 수 있고, 건물이 완전히 무너지지 않았다면 기존과 또 다른 형태의 인공구조물이 되어 정상적인 진입이나 내부에서의 기동을 어렵게 만들 수 있다. 포격이나 미사일, 항공화력 등이 무조건 안 좋은 것은 아니며 이로 인해 발생되는 환경적인 요인들을 잘 이해하고 작전을 할 수 있는 전투원이 되어야 한다.

　야지와 다르게 인공구조물들이 즐비한 CQB상황에서는 사람이 들어갈 수 있는 또는 숨을 수 있는 공간인 맨사이즈홀Man Size Hole이 곳곳에 펼쳐져 있고 그곳을 직접가서 확인해보기 전까지는 위협이다. 그리고 확인을 하기 위해 이동을 할 때 위협이 될 수 있는 것들은 건물 코너 뒤, 문, 벽, 창문, 2층, 계단 등이 있고 이것들은 앞·뒤·좌·우, 심지어 위·아래 등 사방에서 위험들이 펼쳐진다. 이런 환경적인 요인들로 인해 CQB 자체는 항상 100% 안전을 보장하지 못한다. 그래서 CQB는 위험을 떠안고 하는 것이고 여기서 위험한 상황과 통제할 수 있는 변수는 최소한으로 줄여서 실시하는 것이다. 그리고 공격과 방어의 이점을 고려했을 때 건물이든 격실이든 위험을 감수하면서 들어갈 이유가 없다면 굳이 들어가지 않는 것도 방법이다.

CQB를 하겠다고 단순히 보여지는 기술이나 행동을 따라 하면 안 된다. 사전에 총기 안전은 물론이고 사격에 대한 숙달, 속칭 마스터가 선행되어야 한다. 적, 아군, 민간인 등 혼재한 상황에서 자신의 총기를 마스터하지 못한 상태라면 상황을 타개하기는커녕 오히려 혼란만 더 가중시키기만 하기 때문이다. 그리고 필연적으로 이동하면서 사격을 해야 하는 환경이기 때문에 실탄으로 개인 및 팀이 기동사격을 하지 않는다면 그 부대나 소속된 개인은 아직 CQB를 할 준비가 되어 있지 않은 것이다.

사격을 제대로 마스터하지 않은 상태에서 단순히 CQB를 한다면 단순히 개인의 동작과 아군끼리 동선에 맞춰 움직이는 것은 실탄이 없는 상태에서는 크게 문제가 되지 않지만, 실제 실탄을 넣게 되면 이동하면서 사격을 해야 할 때 멈춰서 사격을 하거나 PID가 필수적인 CQB에서 사격을 해야 할 대상과 사격을 하면 안 되는 대상을 구분하지 못하고 쏘거나, 쏴야 하는 표적에 사격을 했지만 죽지 않는 곳에 죽지 않을 정도로만 사격을 하는 등의 문제가 발생한다. 앞선 문제점들과 함께 기본 원리를 이해하지 못하고 CQB동작만 흉내내는 것을 아이돌 가수들의 노래에 맞춰 춤을 추듯 따라하는 것과 같아 이를 CQB Dance라고 칭하기도 한다.

육군에서는 CQB_{Close Quarters Battle}라는 것을 해군에서는 CQC_{Close Quarters Combat}라고 하는데, 이는 단순히 표현의 차이일 뿐 용어에 크게 집착하지 않도록 한다.

❏ 소부대전술 3대 요소

- **사격**Shoot
- **이동**Move
- **의사소통**Communicate

소부대전술인 SUTSmall Unit Tactics는 CQB를 포함하는 더 넓은 개념이기도 하기 때문에 SUT의 3대 요소는 CQB에도 마찬가지로 가감없이 적용된다.

사격Shoot은 말 그대로 사격으로 표적을 맞출 수 있어야 한다. 교전 시 사격으로 적을 맞추거나 움직이지 못하게 해야 효과적으로 이동을 할 수 있다. 그렇기 때문에 총기를 잘 다루고 사격을 잘 해야 효과적으로 움직이는 적을 멈추거나, 적을 움직이지 못하게 할 수 있다.

이동Move은 내가 유리한 위치로 이동해서 적보다 우위를 점하기 위해 움직이는 것이다. 그 상황이 공격하는 상황이든 퇴출하는 상황이든 이동하는 것은 모두 그 목적을 위해 유리한 지점을 차지하는 것이다. 예시로 공격을 할 때 적에게 우위를 점할 수 있는 위치를 잡기 위해 양각을 확보한다든지, 이때 고도 또한 고려하여 상대적으로 고지대에 위치해서 저지대의 적을 공격한다든지, 은·엄폐물의 상황도 포함이 된다. 적을 움직이지 못하게 또는 이동 간에 나 또는 아군을 쏘지 못하게 사격을 하는 것은 상대적으로 이동하기 쉬운 상황을 만들 수 있다. 그리고 적의 움직임에 따라 현재 위치에서 이동이 필요할 텐데 이때 이동을 할 때는 속도도 포함된다. 어떤 속도로 펼쳐야 적을 놓치지 않거나, 적과의 접촉을 끊어내는 등이 있다.

사격 없는 기동은 자살이고, 기동 없는 사격은 탄 낭비이다.

의사소통Communicate은 언어적 / 비언어적, 미리 약속된 것들이 모두 포함된 것으로 맞이한 상황에 필요한 것들을 전달하여 효과적인 목적 달성을 하도록 한다. 아군끼리 언제 사격을 하고 언제 사격을 멈추고, 언제 이동을 하고, 이동을 하면 안 되는지 등 기계획된 것을 제외한 전체적인 부분을 이 의사소통으로 통제한다. 그래서 아군이 사격과 이동을 할 때 아군끼리의 우군 충돌을 방지하고 사격과 기동의 효율성을 높여준다.

의사소통은 CCCommand and Control, 즉 지휘 및 통제의 요소로 작용하기도 하며, 언어적인 부분은 말 그대로 말로 표현을 하면 되지만 전투상황에 있어 전투명령어의 경우 **간결**, **신속**, **명확** 이 세 가지는 기본 원칙이다.

비언어적인 부분은 수신호, 수기, 연막탄, 플래쉬, IR스트로브, 신호탄, 호각, 신체 접촉신호 등 굉장히 다양한 것들이 있다.

❑ CQB 3대 요소

- 공격적인 행동Violence of Action
- 속도Speed
- 기습Surprise

CQB의 3대 요소는 서로 다른 각 요소들에게도 시너지 효과를 발휘하고, 과감한 행동Violence of Action과 속도Speed를 갖추지 못한다면 기습Surprise 또한 달성하지 못할 수 있다.

공격적인 행동Violence of Action은 CQB에서 아군을 지키기 위한 최적의 방법은 선제공격이라는 방법론에서 시작해서 주저하는 순간 나 또는 아군이 당하기 때문에 주저하지 말라는 마인드셋도 포함이 된다. 노출된 지점으로부터 공격이며 이때는 공격적이고 폭발적으로 해나가야 한다. 주저하지 않고 결단해서 'Pull the Trigger'할 수 있어야 하고, 행동방식에 대한 고민은 사전에 끝내놓고 행동하며 기계획된 방식으로 진행한다. 단순 화력을 공격적이고 압도적으로 쓰는 것이 아닌 작전대원들의 마인드셋도 포함이 된다. 물리적 / 심리적 주도권을 먼저 확보하고 유지하는 것은 CQB에서 가장 중요한 부분이기도 하다.

속도Speed는 정확하게 사격할 수 있는 최적의 속도로 실시하며 무조건 빠름을 의미하지는 않는다. 정확하게 사격할 수 있는 속도이기 때문에 팀의 훈련량과 숙련도에 따라 속도가 달라진다. 그렇기 때문에 가장 느린 사람이 그 팀의 속도이다. 신속함과 신중함으로 표현할 수도 있으며, 이는 상황에 맞는 속도를 조절할 수 있다.

기습Surprise은 적이 예상하지 못한 방법이나 시기에 공격해서 적을 혼란 또는 놀라게 하거나 기만하여 주도권을 먼저 잡는 것이다. 공격적인 작전에서 큰 영향을 주는 요소이기도 하다. 지형지물을 잘 활용해서 은밀하게 침투해야 성공할 수 있으며, 목표의 주변 또는 룸 클리어링 간 교전으로 기도가 노출되었다고 해서 굳이 계속 노출하면서 갈 필요는 없다. 중요한 것은 중간에 어딘가에서 노출이 되었어도 문 바로 앞에 지금 우리가 있다는 것을 모르게 하는 것이다.

CQB 3대 요소는 공격의 **모멘텀**을 가지는 것에도 중요하게 영향을 끼친다. 모멘텀은 관성으로 상황에 따라 탄력 있게 움직이는 것으로 공격의 지속성을 가지는 것을 의미한다. 모멘텀을 가지고 전술적 우위에서 적의 선택지를 뺏어 주도권을 가져와야 한다. 적의 행동을 미리 예측하고 상대방이 보일 수 있는 행동을 예측해서 그것에 대한 대응을 가지고 움직인다.

예시로 격실에 진입을 할 때 1번을 따라 2번과 3번이 바로 뒤따라 들어가지 않으면 1번이 내부의 적한테 맞고 다운되면 들어가는 공격은 거기서 끝나고 주도권은 상대방에게 넘어간다. 그렇기 때문에 공격력과 공격속도가 내려가서 모멘텀을 잃지 않기 위해서는 1번이 다운되더라도 2번, 3번이 빠르게 들어가서 공격을 하면 모멘텀을 잃지 않는다. 또 다른 예시로는 통로기동을 상대적으로 빠르게 하면서 중간에 사격을 해야 할 때도 사격 할 때만은 사수가 의도하는 바를 달성할 수 있는 정확한 사격을 할 수 있게 속도를 줄였다가 다시 계속 이동을 할 때 원래의 속도로 돌아오는 것 또한 모멘텀의 예시이다.

☐ CQB 전술

- 다이나믹Dynamic
- 딜리버레이트Deliberate

CQB의 전술은 TTPs에서 Tactics를 의미하는 것으로 CQB의 속도이기도 하다. 여기에 따라 전술이 다르면 전체적인 속도와 TTPs가 달라진다. 이외에도 다른 전술이 있지만 대표적인 두 가지만 다루도록 하겠다.

CQB / CQC 전술의 역사는 현재 우리가 알고 하는 CQB / CQC1인, 2인, 4인 등 편성을 갖추고 엔트리 등의 체계를 갖추는 1970년대부터 본격적으로 시작되었으며, 이 시기부터 대테러CT, Counterterrorism라는 것이 시작되었고, 당시 대테러의 포커스가 인질구출인 HRHostage Rescue이었기 때문에 CQB도 HR을 기준으로 했다.

미국은 당시 CQB를 영국의 SASSpecial Air Service나 SBSSpecial Boat Service, 독일의 GSG 9Grenzschutzgruppe 9 등 유럽의 특수부대들에서 배워와 CQB를 발전시켰다.

최초 HR은 임무가 인질이기 때문에 임무가 작전대원보다 더 중요해서 임무를 위해 작전대원이 희생할 수 있기에 리스크가 굉장히 높았다. 이러한 HR을 기준으로하여 리스크가 굉장히 높은 CQB에서 리스크를 낮추기 위해 발전하게 되는데, 여기서 '인질'이라는 요소가 빠지면서 다이나믹Dynamic이 생겼다. 계속 발전하다가 2008년도쯤에는 딜리버레이트Deliberate라는 것이 나와서 CQB가 계속 발전했고, 이후에는 다이나믹과 딜리버레이트를 혼합한 하이브리드Hybrid도 생겼다.

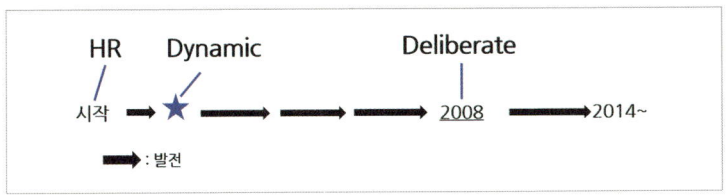

〈사진 2〉 CQB / CQC 발전역사

다이나믹Dynamic은 목표지점까지 최소한의 경로로 신속하고 과감하게 진입하는 방식으로 CQB 3대 요소인 공격적인 행동Violence of Action, 속도Speed, 기습Surprise이 여과없이 적용된다.

다이나믹Dynamic CQB는 Dynamic Action의 연속이기도 하다. Dynamic Action은 빠르고 공격적인 행동으로 순간적인 노출Risk을 감수하며 공간을 점유하는 것으로 이를 위한 행동들 그 자체이다. 노출이라는 리스크가 있기 때문에 이를 줄이기 위해 빠르게 들어가고, 빠르게 등을 메꿔주는 행동을 하는 것이다. Dynamic Action은 행동 그 자체이기 때문에 다이나믹에서만 사용하는 것은 아니고 어떤 전술의 CQB든 상황에 따라 사용될 수 있다. 그리고 위험과 리스크는 CQB 3대 요소의 준수와 함께 신중한 작전계획과 편제된 장비와 물자의 효과적인 사용, 효율적인 제압으로 완화가 된다.

다이나믹은 HR과 같은 작전이나 시한성 작전같이 임무가 작전대원의 안전보다 우선시 되기 때문에 코너를 도는 순간 또는 진입 순간 내가 총을 맞을 수 있다는 마인드셋이 필수적이다.

딜리버레이트Deliberate는 뜻 그대로 의도적인, 계획적인, 신중한으로 목표지점까지 차례로 필요한 모든 단계를 실시하여 진입하는 방식으로 CQB 3대 요소 외에도 계산Calculated, 창의Creative, 결합Combined의 요소가 있다. 목적 달성을 위해서 필요하고 가능한 행동은 어떤 것이든 가능하지만 이때 주의해야할 것이 딜리버레이트는 느리게가 아닌 다이나믹보다 덜 빠르게 하는 것이다.

딜리버레이트에서는 건물이나 방, 미확보구역 등 들어가기 전에 내부관측 등을 통해 가능한 획득할 수 있는 정보를 최대한 수집하여 더 좋은 선택지를 해주는 것이 좋다. 그렇다고 무조건 이렇게 해야 한다라기 보다는 상황에 맞춰서 유연하게 해야 한다.

딜리버레이트는 다이나믹과 상대적으로 HR이 아닌 나머지 다른 경우 대부분에서 사용되며, 작전대원의 안전이 상대적으로 높다.

다이나믹과 딜리버레이트 두 가지 모두 위험을 완전히 완화시키지는 못한다는 것을 알고 있어야 한다. 전술이 완벽하게 실행되더라도 아군의 피해는 언제든지 발생할 수 있는 것이 CQB이다.

다이나믹은 속도와 효율이 중요시되고 딜리버레이트에서는 각도와 거리가 중요시 된다. 다이나믹과 딜리버레이트는 무조건 하나만 해야 한다기 보다는, 자동차의 액셀과 브레이크처럼 하나만 사용하는 것이 아니라 필요에 따라 사용하는 것처럼 상황에 따라 적절히 사용할 수 있어야 한다.

> "Slow is Smooth, Smooth is Fast
> (침착함이 곧 유연함이고, 유연함이 곧 신속함이다)"

어떤 CQB를 하든 허둥지둥하거나 급하게 하지 않고 간결하고 부드럽게 해야 하는 것은 원칙과 같으며, 이는 SOP든 TTPs든 행함에 있어 동일하게 적용된다.

❑ SOP와 TTPs

- SOP, Standard Operating Procedure표준작전수행절차
- TTPs, Tactics, Techniques and Procedures전술전기절차

SOPStandard Operating Procedure는 표준작전수행절차또는 표준운용절차로 명칭 그대로 작전을 수행하기 위해 표준화된 절차를 의미한다. 그래서 지역 및 국가, 적 및 아군 상황, 임무 등 METT-TC에 따라 해당 부대가 전술을 어떻게 적용해서 싸울 것인가의 표준이 되기도 하고, 작전 수행에 필요한 장비나 물자를 얼마나 어디에 휴대하거나 어떻게 사용하는지도 SOP에 포함이 될 수 있다.

SOP는 일관된 작전을 할 수 있게 표준화를 함으로써 효율성을 발휘한다. 그리고 표준화가 될 수 있는 공통의 행동절차가 되는 것은 특정 상황에 반복되는 작전, 업무, 훈련 등에서 항상 동일하게 수행되는 방식이기 때문이다. 그리고 SOP에서 O가 Operation이 아닌 Operating인 이유는 단순히 작전이나 운영이 아니라 작전을 수행하는데 필요한 방식/행동/절차 전반을 뜻하기 때문이다. 즉, 여기서 Operating은 작전을 정의하는 것이 아니라 실제로 수행하면서 따라야 하는 실행 절차를 뜻하기 때문에 행위Action에 초점이 맞춰져 있다.

SOP라는 단어를 사용하지 않더라도 부대별로 SOP로 되어 있는 것들은 많이 있다. 흔히 '예규'나 '전투시행세부규칙'등으로 되어 있는 것들이고, 5분 대기조나 신속대응조 또는 기동타격대의 출동 절차나 국지도발 및 전시에 어떻게 해야 하는지 정해진 것들이 모두 SOP이다. 또는 개인응급처치킷IFAK의 휴대 위치 통일이나 탄약휴대량, 수류탄 휴대량 등도 마찬가지로 SOP이다.

SOP를 설정하기 위해서는 먼저 아래를 예시로 육하원칙으로 소프트웨어적인 부분을 도출한다.

Who? 대상이 누구냐로 나눠진다. 정규군, 비정규군, 민간인 등이 되고, 대표적인 예시로 정규군과 비정규군으로 비교를 하면 정규군은 군사훈련을 받고 무장의 수준이 높고 조직적이며 규모가 크다. 민간인을 통제하거나 접촉이 잦은 부대의 경우 온건적이냐 적대적이냐에 따라 적절한 물리력 강도와 통제력을 단계화해서 어떻게 할 것인지 달라질 수 있다.

Where? 지역으로는 북한이냐 대한민국이냐 또는 제3국이나 다른 곳이냐에 따라 달라지는데, 지역이나 국가에 따라 기상이 달라지기도 하고 문화에 따라 건축양식이 달라지기 때문이다. 그리고 산악지역이냐 도시지역이냐 또는 그 비중의 정도나 특정시설물이냐에 따라서도 대응이 달라질 수 있다.

When? 거시적으로는 사계절이 뚜렷한 한반도의 특성상 계절적 요소가 작용할 수 있다. 미시적으로는 주간이냐 야간이냐 또는 둘 다 해당이 되냐에 따라서 대응이 달라질 수 있다.

What? 부대별 임무에 따라 달라질 수 있다. 초동조치, 경계, 공격, 방어, 정찰, 매복, 수색 등 무엇을 해야 하는지에 따라 달라질 수 있다.

Why?, How? 의 경우 주어지는 임무나 지휘관 의도 등에 따라 달라지기에 해당 부대별로 맞춘다.

육하원칙이 해결이 되었다면 도출된 사항으로 Input이 된다. Output으로는 Input으로 인해 어떤 장비를 얼마만큼 휴대하고 어떤 행동을 하는지 등 하드웨어적인 부분이 결정된다. 이처럼 장소와 지역 또는 대상만 달라져도 SOP가 달라지는 구조이기 때문에 SOP는 한번 만들어졌을 때 쉽게 수정하지 못하는 교범이 되면 안 된다. 필요에 따라

SOP는 언제든지 바뀔 수 있게 수정할 수 있어야 한다. 그리고 SOP를 과도하게 많이 만들거나 복잡하게 하면 오히려 SOP의 장점인 효율이 떨어지기에 주의한다.

다음은 美특수부대의 SOP 차이의 예시로 제시한 표처럼 실제로 무조건 이렇게 하지 않고 임무에 따라 달랐기 때문에 SOP 차이의 이해 관점에서 참고하면 된다.

	美특수부대		비 고
	베트남전	이라크/아프간전	
임 무	장거리 정찰	DA Direct Action	ISR자산의 발달 및 지형이나 환경적 차이 등
작전인원	10명 이하	20여명 이상	임무 특성의 차이
휴대탄약	개인당 20탄알집 이상	개인당 5~6탄알집	인원 수와 이동자산 유·무, 아군 지원의 차이 등
플레이트 캐리어	미착용	착용	이동 자산 및 기후 등 환경적 차이 등

같은 SOP를 사용하는 부대는 설정한 SOP를 모두 동일하게 가져가야 하며, 이것이 일종의 안전장치가 되는 룰이 된다.

TTPsTactics, Techniques and Procedures는 전술전기절차또는 전술적, 기술적 절차로 명칭 그대로 전술적 상황에서 펼치는 전투기술[1]을 의미한다. 사실상 모든 전술과 전투기술을 의미하기 때문에 다양한 종류와 규격이

---

1) 개인 또는 부대가 전투에서 부여된 임무를 수행할 때 인원, 화기, 장비 따위를 사용하는 방법(출처 : 네이버 국어사전)

있는 공구박스처럼 TTPs는 하나의 툴박스이다. TTPs의 안에는 상위 개념으로 Tactics인 전술의 개념과 하위개념으로는 전술을 하기 위한 기술인 Technique과 기술을 하기 위한 절차인 Procedure로 구성이 되어 있다.

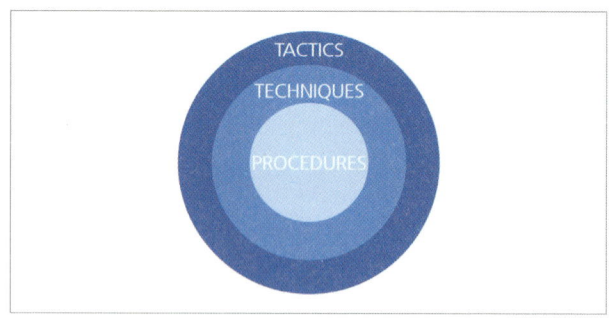

〈사진 3〉 **TTPs의 구성**

TTPs의 Tactics는 전술적 수준으로 CQB에서 어떤 종류의 전술이 되는지의 개념이다. 여기에는 대표적으로 Dynamic과 Deliberate가 있다.

TTPs의 Techniques는 Tactics에 구성되어 이를 실제 시행할 수 있게 하는 기술적인 방법들이다. 그래서 테크닉들은 택틱스에서 효과적으로 사용할 수 있어야 하고, 다이나믹이든 딜리버레이트든 전술에 맞는 기술을 써야 한다. 그리고 테크닉의 종류에 따라 같은 테크닉이어도 다이나믹과 딜리버레이트 둘 다 동일하게 사용할 수도 있고, 못할 수도 있다.

TTPs의 Procedures는 Techniques을 실행하는 수단의 절차와 방법이다. 예를 들어 섬광폭음탄Bang을 던진다고 하였을 때, '섬광폭음탄을 꺼낸다 – 앞사람에게 보여준다 – 앞사람이 이를 인지했는지 확인한다

– 섬광폭음탄의 안전고리핀을 뽑는다 – 투척할 곳을 확인하면서 던진다'처럼 해당 기술을 실행할 때 구성하는 절차를 의미한다. 이 절차는 같은 기술이어도 TTPs의 Tactics에 따라 달라질 수도 있고, 같을 수도 있다. 같은 TTPs를 사용하는 부대는 설정한 이 절차를 모두 동일하게 가져가야 하며, 이것이 일종의 안전장치가 되는 룰이 된다. 즉, 같은 기술이어도 부대별로 구성하는 절차는 달라질 수 있지만 부대 안에서는 같은 절차를 실행해야 한다.

흔히 SOP와 TTPs를 이야기할 때 TTPs가 SOP보다 유연하다고 한다. 조금 더 정확하게는 TTPs자체가 유연하다기 보다는 할 수 있는 TTPs가 다양하다면 공구함에서 규격에 맞는 공구를 선택해서 꺼내 사용하듯이 우발상황 또는 변수가 발생했을 때 그에 맞는 TTPs로 대응을 하면 되기 때문에 TTPs 자체보다는 다양한 TTPs를 할 수 있을 때 유연한 것이다.

숙련도가 높은 부대예시로 간부 편제의 부대나 특수부대 등일수록 훈련의 양과 질이 상대적으로 높기에 할 수 있는 TTPs 또한 상대적으로 많으므로 SOP보다는 TTP의 의존도가 더 높다고 볼 수 있다. 그로 인해 작전에서 발생하는 우발상황이나 변수에 대해 대응을 어렵지 않게 할 수 있으면서 기존 작전에 대해서도 높은 수준으로 수행할 수 있다. 숙련도가 낮은 부대예시로 병사 편제의 부대 등의 경우 상대적으로 훈련의 양과 질이 떨어지기 때문에 우발상황이나 변수는 물론 기존 작전에 대해서도 해야 할 것과 하지 말아야 할 것을 명확히 설정하여 수행할 수 있게 해야 하기 때문에 SOP의 의존도가 더 높다.

다음은 일상생활을 빗대어 SOP와 TTPs를 표현한 것으로 참고한다.

SOP 예시	• 식사 후 카페를 가서 테이크 아웃을 한다. • 식사 후 아이스 아메리카노를 마신다. • 카드결제 • 모바일 페이로 결제
주문방법 Tactics 수준	• 직원에게 직접 주문 • 키오스크 사용 • 어플로 주문
결제수단 Technique 수준	• 카드결제 • 기프티콘 결제 • 모바일 페이 결제 • 현금 결제
결제수단 사용절차 Procedure 수준	• 직원에게 주문해서 카드결제 : 카드를 꺼내서 직원에게 준다 or 카드를 꺼내서 직원 안내에 따라 카드 단말기에 직접 꽂는다 • 키오스크 사용 카드결제 : 키오스크에 카드결제 버튼을 누르고, 카드를 꺼내서 단말기에 꽂는다. • 직원에게 주문해서 현금 결제 : 현금을 꺼내서 직원에게 건내주고 거스름돈을 받는다.

위의 예시에서 키오스크로 카드결제라는 SOP를 사용할 때 키오스크가 없거나 고장나거나 줄이 길게 있는 우발상황이 생겼을 때 직원에게 주문을 한다거나 페이로 결제하는 등의 다른 TTPs로 유연하게 대처할 수 있다.

❑ METT-TC

- Mission임무
- Enemy적
- Terrain & Weather지형 및 기상
- Troops & Support Available가용부대 및 지원 가능성
- Time Available가용시간
- Civil Consideration민간요소

METT-TC는 전술적 고려요소 또는 임무변수로 상황판단에 빠질 수 없는 요소로 압축되어 있어 계획수립과 의사결정의 기준이 된다. 계획수립 간 상황판단을 위한 재료로 사용할 수 있고, 현장에서 상황을 타개하기 위한 판단 재료로 사용할 수 있다.

작전지역 내에서 작전 중인 인원들은 기존 수립된 계획에 따라 작전을 실시하면서, 마주한 적에 대해서는 METT-TC 중에 일반적으로 임무, 적, 지형, 가용시간을 판단하여 전술적 행동과 기술로 대응을 한다. METT-TC라고 여기의 모든 요소를 무조건 사용해야 하는 것이 아니라 상황에 따라 불필요한 요소는 제외하고 필요한 요소를 사용하는 것이다.

현장에서 METT-TC 판단 예시

Mission 임무	• 명시과업과 추정과업에 따름 • 동적인 활동이냐 정적인 활동이냐? • 전시상황이냐? 평시상황이냐?
Enemy 적	• 정규군인가? • 적의 전투서열은? • 적의 무장 수준은? • 적의 규모는? • 적은 어디에 어떻게 있는가? • 적은 무엇이 목적인가?
Terrain & Weather 지형 및 기상	• 산악인가 도시지역인가? • 규모와 배치는? • 아군 지역인가 적 지역인가? • 지형분석 5요소 OAKOC 　* Obstacles(장애물), Avenues of Approach(접근로), Key Terrain(주요 지형), Observation and Fields of Fire(관측과 사계), Cover and Concealment(은·엄폐) • 계절에 따른 기상 • 밤인지 낮인지 • 바람, 강우량, 강설량, 습도, 온도, 월광 등
Troops & Support Available 가용부대 및 지원가능성	• 아군의 편성은? • 아군의 무장수준은? • 아군의 숙련도는? • 인근에 위치한 아군은? • 지원 가능한 아군은? • 지원받을 수 있는 인원, 장비는?
Time Available 가용시간	• 주어진 시간이 얼마나 되는가? • 타임라인 설정은 어떻게 되는가?
Civil Consideration 민간요소	• 민간인의 규모는? • 민간인은 어디에 어떻게 있는가? • 적대적인가 아닌가? • 민간인을 통제할 수 있는 권한의 범위는?

❑ OODA Loop

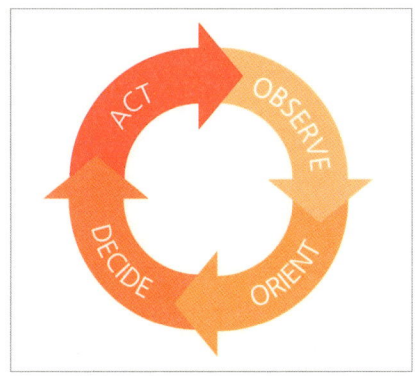

〈사진 4〉 OODA Loop 구조

美공군 전투기 파일럿인 존 보이드가 제창한 의사결정 모델로 긴박한 상황에서 더 빠르고 정확한 전술적 의사결정을 하는 것에 도움을 준다. OODA Loop는 'Observe상황탐색-Orient상황이해-Decide의사결정-Act실행'의 네 가지 과정을 반복하는 것이고, 흔히 군에서 하는 상황조치 절차인 '상황판단OO-결심D-대응A'과 동일한 메커니즘이기도 하다.

Observe상황탐색 단계는 어떤 상황을 마주했을 때, 상황을 파악하기 위해 시각, 청각, 후각 등을 활용해 정보를 수집하는 과정이다.

Orient상황이해 단계는 앞선 Observe상황탐색 단계에서 수집한 정보를 기반으로 정확하게 무슨 일이 일어나고 있는지 파악하고 상황을 이해하는 과정이다. Orient상황이해는 OODA Loop에서도 중요한 단계인데 상황을 이해하지 못하면 Decide의사결정을 제대로 하지 못하게 되고, 상황을 잘못 이해하게 된다면 잘못된 의사결정을 하게 되어 상황을 악화시키는 결과를 가져올 수 있다. Observe상황탐색 단계는 눈과 귀가 있으면 보이거나 들리는 데로 누구나 할 수 있으나, 눈으로 보고 귀로 들은 정보 중에서 필요한 정보를 선별하고 그 정보를 바탕으로 상황을 빠르고 정확하게 파악하고 이해하는 것은 쉽지 않다.

Decide의사결정 단계는 앞선 단계를 통해 상황을 파악한 다음 어떤 행동을 할지 결정하는 과정이다. 하나의 일이 벌어지고 있는 곳에서 어떤 변화를 이끌어 낼 것인가와 그 변화를 위해서는 어떤 방식을 어떤 Input을 할지 판단해야 한다. 이때도 METT-TC와 상황의 긴박성, 법적인 부분과 도덕적인 것들 등 고려해서 행동을 결정하는 단계이다. 이때 해당 상황에 대해 교전수칙ROE 및 SOP가 있다면 빠르게 결정할 수 있다는 장점이 있다.

이 단계에서는 기다리는 것도 하나의 옵션이 될 수 있다. 해소를 위해 시간이 필요한 상황이나 고려하는 해결방법이 법이나 규범이 허락하지 않는 경우 상황이 내가 원하는 단계까지 올라올 때까지 기다리는 것이다.

Act실행 단계는 의사결정 단계에서 결정한 것을 직접 실행하는 과정으로 실제로 상황에 관여하고 Input을 하는 단계로, 행동을 취한 다음에는 상황이 어떤 형태로든 변할 수가 있다. 실행 단계 다음에는 변한 상황과 환경을 파악하기 위해 다시 Observe상황탐색 단계로 돌아가 동일한 반복과정을 하게 된다.

OODA Loop는 이론상으로는 한 방향으로만 순환하는 싸이클이지만 실제로는 상황에 따라서 한 단계 또는 두 단계 뒤로 다시 돌아가기도 한다. Orient상황이해 단계 중에 누군가가 나타나거나 무언가 나오는 등의 상황변화가 일어난다면 Observe상황탐색 단계로 돌아가 다시 OODA Loop 싸이클을 밟아야 하고, 이런 상황이 Decide의사결정단계에 일어난다면 2단계 전인 Observe상황탐색 단계로 돌아가 다시 싸이클을 밟기도 한다. 또는 적이 먼저 OODA Loop 싸이클을 끝내고 어떤 행동을 한다면 우리는 다시 처음 Observe상황탐색 단계부터 시작해야 하기도 한다. OODA Loop 싸이클을 먼저 마치는 쪽이 상황을 유리하게 이끌어 나갈 수 있기 때문이다.

OODA Loop를 처음 배우면 이것으로 전투상황에서 이길 수 있다고 생각하기 쉬운데 현실은 그리 쉽지 않다. 이론적 샘플 상황에서는 "어? 적이다. 쏴"로 OODA Loop 싸이클을 빠르게 탈 수 있다고 생각을 하지만. 실제로는 적과 비전투원이 섞여 있는 상황이 많고, 더 안 좋은 상황일 경우 아군과 적, 민간인이 섞여 있는 경우가 많고 적이라고 무조건 쏠 수 있는 경우가 있는 것도 아니다. 적인데 투항하거나 미식별자인데 적대적이거나 등의 경우도 적지 않다. 그리고 가구나 기타 구조물로 인해 내부가 훨씬 복잡한 경우도 한몫한다.

OODA Loop로 봤을 때 건물 내부를 미리 장악한 적이 갖는 이점은 매우 크기 때문에 외부에서 진입하는 쪽은 상대가 가지고 있는 이점을 극복해야 한다. 대부분의 경우 내부의 적과 아군의 OODA Loop 싸이클은 다른데, 적이 내부를 장악한 경우 먼저 실내의 상황을 이해하고 미리 의사결정을 끝내놓고 매복하다가 아군이 진입하는 것을 보고 바로 계획을 실행에 옮길 가능성이 매우 높다. 이처럼 적과 아군의 OODA Loop 싸이클이 많이 다를 수 있다.

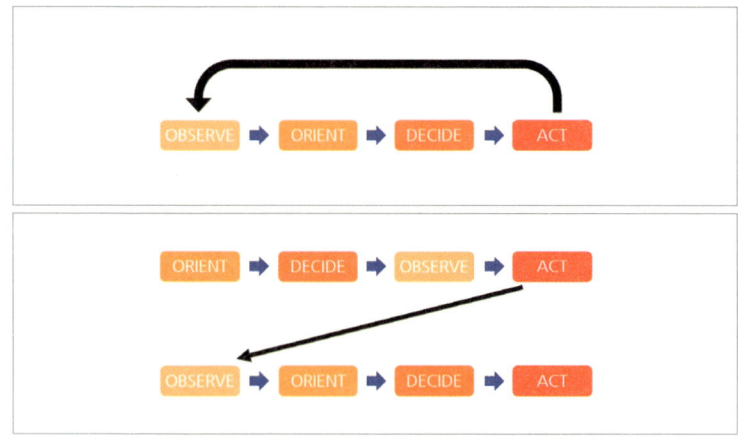

〈사진 5〉 아군위과 적아래의 OODA Loop 싸이클 차이

결국 적과 아군은 전술상황에서 시작 지점이 달라 내부를 장악한 적은 훨씬 큰 이점을 가지고 시작한다. 이를 타개하기 위해서는 진입 전 정보를 가능한 많이 수집하여 최대한 상황을 이해해야 하고, 이를 바탕으로 팀 전술을 구사해야 하고, 팀 전술을 극대화할 SOP와 TTPs를 만들고 교육훈련을 해야 한다. 반대로 아군이 건물 안에서 방어를 하게 된다면 그만큼 유리하게 작용한다.

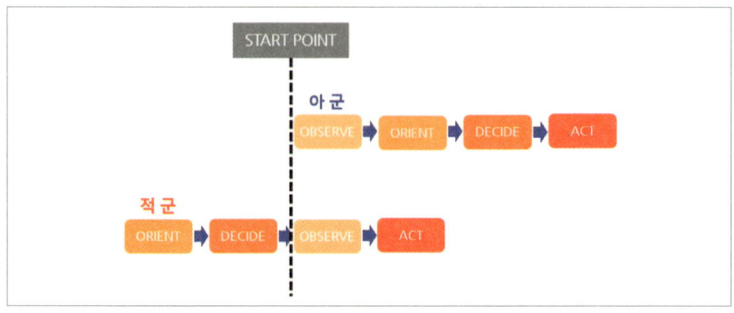

〈사진 6〉 내부를 선점한 적과 OODA Loop 차이 이해

	OODA Loop를 빠르고 잘하기 위한 방법 예시
Observe 상황탐색	• 습관 : 평소 주변을 잘 관찰하는 습관을 훈련 • 첨단 장비활용 : NVG, 열영상, ISR자산[2] 등으로 적보다 먼저 보고 상황을 탐색할 수 있는 능력을 갖춤
Orient 상황이해	• Case Study : 작전환경과 비슷한 각종 실사례를 최대한 많이 접하면서 이해의 폭을 넓혀감 • 독서 : 사회, 문화, 역사, 종교 등 지식을 두루 갖추고 많은 간접경험을 하여 상황이해 능력을 향상시키는데 도움을 준다.
Decide 의사결정	• Case Study : 각 상황에서 내렸던 의사결정들이 어떤 결과를 불러왔는지, 상황을 어떻게 변화시켰는지 보면서 더 많은 데이터를 가지고 있으면 더 좋은 결정을 내릴 수 있다. • SOP : 그동안 CQB상황에서 발생했던 경우들에 대한 대처법을 미리 정립하여 빠르게 대응할 수 있게 한다. ※ Orient(상황이해)단계에서 어떤 상황인지 정확히 인지한 다음 그 상황을 SOP에 대입해 해당 상황에 대한 행동규정이 있다면 무엇을 해야할지 고민해야될 시간이 줄어드는데 그만큼 Orient(상황이해)의 중요성이 커진다.
Act 실행	• 실행훈련 : 장비 및 총기를 다루는 훈련, 사격, 컴뱃티브, 인원통제 등 임무에서 요구하는 각각의 기술을 지속적으로 훈련 ※ 개인의 실행능력은 의사결정에 큰 영향을 주기 때문에 가지고 있는 기술을 계속 갈고 닦고, 새로운 장비와 기술과 전술을 계속 배우고 받아들여야 함

---

2) ISR(Intelligence, Surveillance and Recconnaissance)자산은 정보, 감시 및 정찰활동을 수행하는 군사 장비 및 시스템을 의미한다.

step.2 기초개념

❏ 위협 우선순위POT, Priority of Threat

1. 무장한 사람Person with Weapon
2. 무장하지 않은 사람Person Without Weapon
3. 미확인구역UCS, Uncleared Space
4. 열린 문Open Door
5. 닫힌 문Close Door
6. 시체Dead Check

CQB상황에서 마주할 수 있는 위협의 순위로 기존의 5대 위협요소적, 언노운, 바리케이드, 열린 문, 닫힌 문와 일부 다르다.

무장한 사람Person with Weapon과 무장하지 않은 사람Person Without Weapon은 단순 무장을 했다고 쏘고, 무장을 하지 않았다고 안 쏘는 것이 아니라 명확하게 적인지 아군인지 구별이 필요하다. 간단하게는 적의 복장을 하고 무장을 했으며 공격 또는 적대적인 행동을 한다면 바로 쏠 수 있지만, 무장을 하지 않고 민간인 복장 등을 한 미식별자라면 신원 확인 및 숨겨진 무장이 있는지 확인하는 등의 별도 통제절차를 해야 한다.

POT 1번과 2번의 경우 해당 인원들에 대해 언행과 태도를 보고 판단을 할 필요가 있다. 무장을 한 상태에서 투항을 하는 사람과 무장을 하지 않았지만 통제에 따르지 않으며 적대적인 표정을 하는 사람이 함께 있다면 여기서는 무장하지 않은 사람의 위협순위가 상대적으로 더 높다고 볼 수 있다. 그리고 사람을 볼 때는 전투가 가능한 남성, 징병 가능한 연령의 남자인 Military Age Male의 여부도 중요하다. 20대 후반~30대 중반의 건장한 남성과 10대 초반의 어린이 또는 70대 노인을 동일한 위협으로 판단하기에는 상식적으로 맞지 않기 때문이다.

미확인구역UCS, Uncleared Space은 사람이 들어갈 수 있는 공간인 Man Size Hole 그 이상의 공간으로 직접가서 확인하기 전까지 시야를 방해하는 것으로 은폐물과 엄폐물 둘 다 해당된다. 그리고 이를 사각구역Dead Space이라고도 한다.

확인을 통해 클리어를 한 공간이어도 이어진 복도나 길을 아군이 경계하지 않아 외부에서 누군가 들어올 수 있는 환경이라면 그곳은 다시 미확보구역이기도 하다.

열린 문Open Door은 격실과 같은 새로운 구역이 생기고 미확인구역과 마찬가지로 그 안에 들어가서 공간을 확인해야 한다. 그리고 문이라는 특성상 공간과 공간을 연결 및 단절하면서 사람이 필수적으로 지나야 하는 곳이므로 상황에 따라서는 사격이나 부비트랩과 같은 적의 위협이 높은 지점이기도 하다.

닫힌 문Close Door은 열린 문에서 문만 닫혀있는 것으로 유리문이 아닌 상황에서는 내부와 외부가 시야가 단절된 상태이다. 문이 잠겨 있고 열쇠 등이 없는 상황이라면 브리칭을 해야 되는 소요가 발생한다.

문이 열리거나 닫힌다면 문을 움직인 사람에 대한 확인에 따라 다르지만 그 문은 POT 2번 또는 그 이상으로 취급해서 처리해야 한다.

시체Dead Check는 확실히 죽어있거나 죽었다면 POT 6번시체이고, 죽지 않고 죽은 척을 한다면 시체가 아니라 POT 1번무장한 사람이다. 그리고 데드 체크는 시체에게 가서 확인하라는 의미이고 시체 확인을 위해 쏘라는 의미는 아니다. 시체를 쏘고 있다면 그것은 아직 위협이라는 의미기 때문에 시체가 아니다. 사망 여부는 눈을 찔러보거나 급소를 타격하거나 맥박 확인으로 확인할 수 있다. 사망 확인이 끝난 시체는 부대별 SOP에 따라 확인을 했다는 표시를 하는데 누가 보더라도 인위적인 모습을 해주기 때문에 양팔과 다리를 교차시키는 등으로 표식을 한다.

일반적으로 위의 순위에 따르지만 무조건적이지는 않다. POT가 리스트이긴 하지만 상황과 맥락에 따라 판단하기 모호한 경우도 있으며, 해당 순위는 상황과 맥락에 따라 얼마든지 바뀔 수 있다. 그렇기 때문에 상황에 따라 POT는 유연하고 상식적으로 대응해야 한다.

예를 들어 POT 3번미확인구역과 POT 4번열린 문은 따지고 보면 같다고 볼 수 있다. 차이점은 내가 있는 공간 안에서 보이지 않는 공간이냐 나한테 떨어져 있는 공간에서 보이지 않는 공간이냐의 차이가 있다. 그래서 상황거리 등에 따라서 실제 순위는 바뀐다.

또는 POT 2번무장하지 않은 사람이 70대 할머니고 POT 3번미확보구역이 같이 있을 때 2번을 먼저 클리어하는 것이 아니라 3번부터 클리어 하는 것 또한 하나의 예시이다.

마지막으로 복도를 따라 방을 순차적으로 클리어할 때 앞의 방이 닫힌 문이고 그 다음 방이 열린 문이라고 해서 그 다음 방부터 클리어 하는 것이 아니라 순차적으로 클리어를 하는 것도 상황에 따라 POT를 판단한 경우이다.

❏ 위협의 위치

- **싱글 사이드**Single Side
- **더블 사이드**Double Side
- **트리플 사이드**Triple Side

위협과 그 위치에 따라서 필요한 인원이 달라지고 거기에 따라 극복하는 기술이 달라지기도 한다. 사이드 개념을 이해하고 CQB를 했을 때 위협을 놓치지 않고 극복하는 것에 도움이 된다. 최초에는 1개의 사이드에 1개의 위협만으로 하여 개념의 이해를 시키고, 이후 1개의 사이드에 다수의 위협을 놓고 거기에 따라 각각 경계와 극복 시 필요한 인원의 차이를 이해하고 응용하도록 한다.

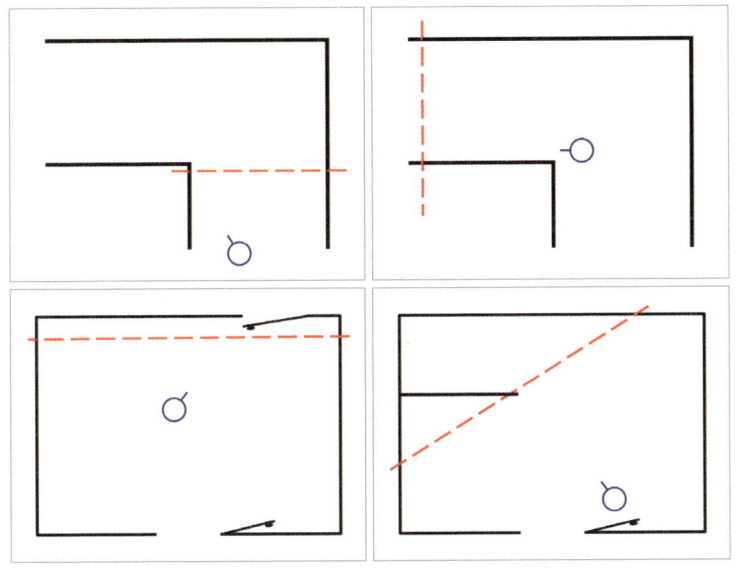

〈사진 1〉 **싱글 사이드**Single Side **예시**

싱글 사이드Single Side는 한쪽 면, 한쪽 방향에 위협이 있는 것으로 경계에 최소 1명의 인원이 필요하다. 단일 방향에 대해서는 1명이 최대 2개의 위협을 경계할 수 있다.

더블 사이드Double Side는 싱글 사이드가 서로 다른 방향으로 2개가 있는 것으로 각 사이드별 1명씩 하여 더블 사이드는 최소 2명의 인원이 필요하다. 필자는 이해를 위해 각 사이드끼리 90° 이상의 각도로 있을 때 더블 사이드로 취급한다.

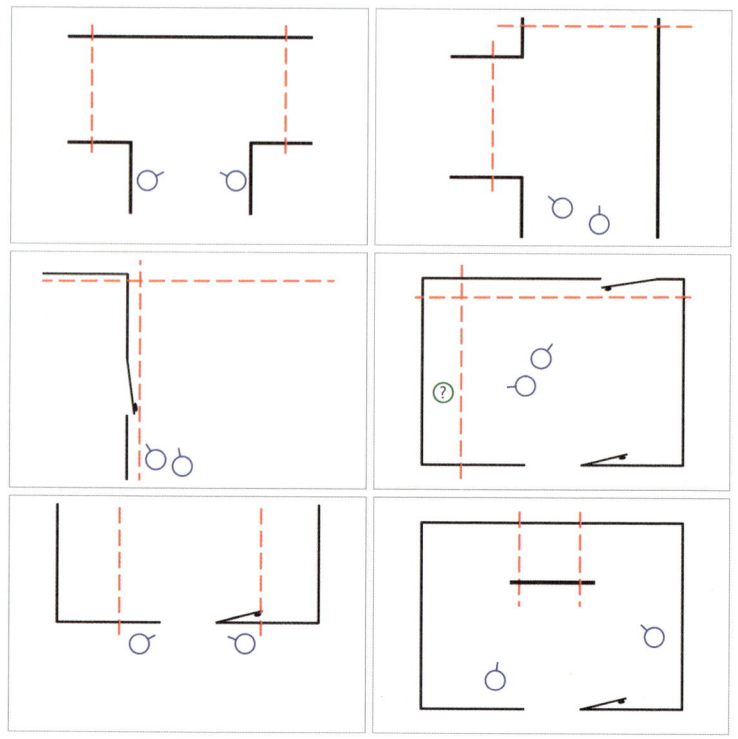

〈사진 2〉 **더블 사이드**Double Side **예시**

트리플 사이드Triple Side는 위협이 3개의 방향에 있는 것으로 통로, 문, 계단 등 다수의 위협이 복합적으로 있는 상황이 대부분이기 때문에 동시 극복이 가능하다면 동시에, 제한되면 위협순위에 따라 순차적으로 차근차근 극복할 수 있도록 한다.

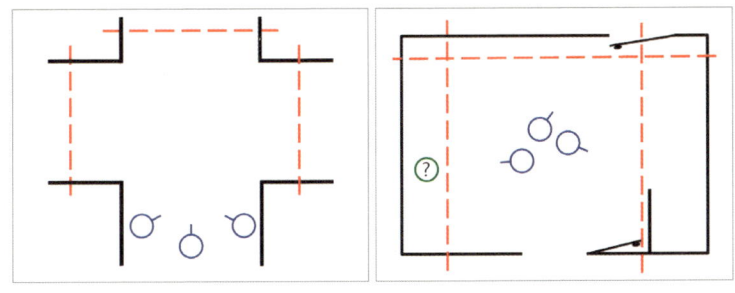

〈사진 3〉 **트리플 사이드**Triple Side **예시**

필요한 인원수를 초과하는 사이드 상황에서는 무리하게 사이드를 잡기보다는 위치를 조정해서 초과 되는 사이드에서 잡을 수 있는 만큼의 사이드 상황으로 바꿔 아군을 기다려서 아군이 오면 그때 다시 사이드를 극복하면 된다. 즉 항상 내가 있는 위치가 나 또는 아군에게 유리한가를 항상 생각해야 한다.

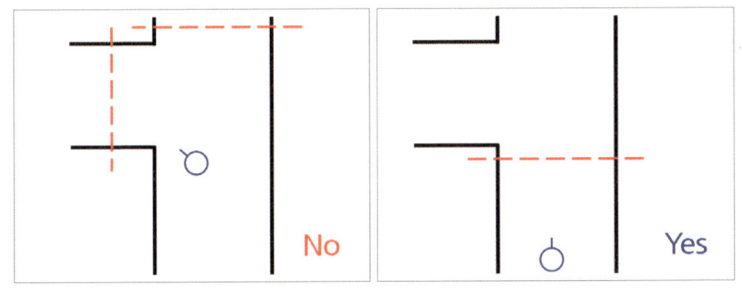

〈사진 4〉 **더블 사이드**Double Side **위치 조정 예시**

제2장 CQB

❏ 작업 우선순위POW, Priority of Work

1. 위협적에 대한 사격Shoot the Enemy
2. 팀원을 보호Protect Team
3. 잠재적위협을 경계Hold Threat
4. 팀원을 지원Support Team
5. 할 일을 찾기Look for Work

POW는 CQB에서 해야 할 일의 우선순위를 의미하는 것이다. POW에 따라서 행동하되 가능하다면 할 일을 찾아서 미리 움직여야 한다. 그렇기 때문에 CQB에서 앞사람 뒷통수만 보면서 졸졸 따라다니는 것이 아니라 주변 상황을 계속 파악하고 인식하여 행동해야 한다.

본인이 POW에 대한 판단이 어렵다면 항상 5번인 '할 일을 찾기'를 생각하고 주변상황을 계속 파악하면서 본인이 해야 할 일을 찾아서 한다.

❑ IMT Individual Movement Technique

IMT Individual Movement Technique는 이름 그대로 개인이동기술로 조나 팀, 소대 등에서 이루어지며 흔히 각개전투로 생각하면 쉽다. SUT 3요소 중 하나인 이동이지만 전투상황에서는 사격, 이동, 의사소통 세 가지 모두 상호작용을 한다. 은폐와 엄폐를 모두 제공하는 위치와 이동경로를 찾는 것이 항상 이상적이지만 전투환경에서는 이상적인 조건이 항상 존재할 수는 없기 때문에 개별 작전대원들은 직면한 상황과 조건에 따라서 이동기술을 구사할 수 있어야 한다. 여기서는 상황지형 등에 따라 엎드려서 가는 포복부터 서서 뛰어가는 것까지 노출도를 고려한 온갖 자세들 또한 IMT에 포함이 된다.

이동신호로 주로 사용하는 무빙콜Moving Call은 누가 이동을 하고 누가 이동을 하지 않는지 직관적으로 해주면서 전투명령어의 간결, 신속, 명확의 원칙에 부합하기도 한다. 기존의 한국어를 사용한다면 "기동이동해라", "기동이동"은 비슷한 단어로 인해 누가 이동을 하고 누가 이동을 하지 않는지 직관적이지 않다.

- 무빙Moving
- 무브Move

무빙Moving은 이동하는 사람이 외치는 것으로 이동을 한다는 시행어이다. 이동 전에 아군과 적군의 상황을 파악하고 지형 등을 고려해서 어디까지 이동할지 판단한 뒤에 외친다.

무브Move는 이동하지 않는 사람이 외치는 것으로 이동을 해라라는 지시어이다. 무빙Moving을 들은 뒤에 무브Move를 외치기 전 경계 또는 엄호사격을 제공해줄 수 있을 때 외쳐준다.

기본은 무빙을 먼저 외치고 무브를 외치지만, 원리를 생각했을 때는 반드시 이렇게 할 필요는 없다. 리더급 인원이 특정 상황에서 다른 조 또는 다른 인원을 이동시킬 필요성이 있을 때 무브를 외쳐 이동시킬 수 있고, 이동할 수밖에 없는 인원이 인지를 시켜주기 위해 무브를 듣지 않고 무빙만 외치면서 이동할 수 있다. 그리고 무빙콜은 무조건 해야 되는 것은 아니며 필요시 하는 것으로 상황에 따라 굳이 하지 않아도 된다면 생략하고 이동을 할 수도 있다.

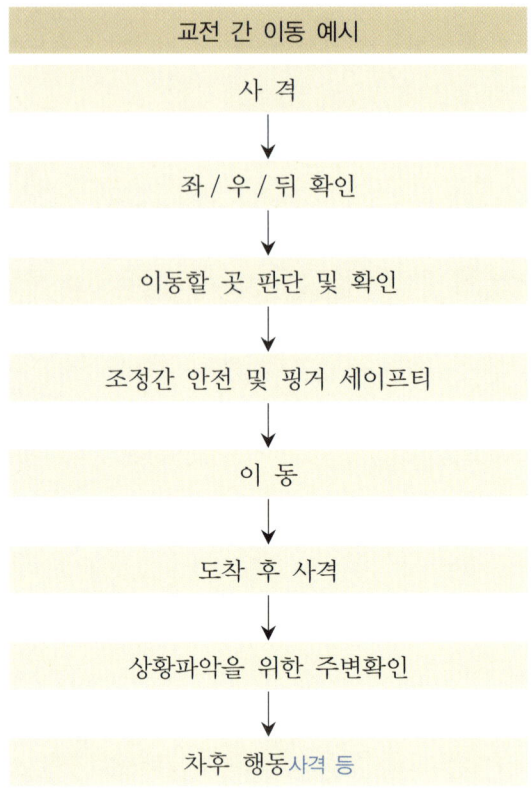

교전 중 이동을 해야 한다면 먼저 내가 있는 위치에서 좌/우/뒤를 확인해서 아군들의 위치와 적의 위치 및 상태를 확인하여 사선에 들어가지 않는지 등 이를 바탕으로 내가 어디로 이동할지 판단한다. 이동을 한 뒤에도 그곳에서 상황파악은 필수다. 특히 내가 이동하기 전에 보이는 부분과 이동 후에 보이는 부분이 다를 수 있고, 내가 이동함으로써 아군 및 적이 반응이 달라질 수 있기에 거기에 맞춰 이어서 대응해야 하기 때문이다.

개인이동기술이기 때문에 전투환경 특성상 개인 또는 조 단위로 이동이 주로 이루어진다. 여기서 개인으로 이동할 때 도시지역과 같이 각종 은·엄폐물이 많은 곳에서는 이로 인해 시야가 끊어질 수도 있는데 양옆 사람과는 반드시 시야가 끊어지지 않도록 한다. 만약 시야를 끊고 행동해야 하는 상황이 있다면 확실한 통제수단을 강구하여 행동해야 한다.

교전 간 이동이기 때문에 공격과 같은 상황이면 주로 횡대로 펼쳐서 행동을 하는데, 은·엄폐물로 인해 완전한 횡대가 나오지 않을 수 있기에 이를 이해하고 움직일 수 있도록 한다.

❑ 이동기술Movement Technique

- 바운딩Bounding
- 플로우Flow
- 범프Bump
- 필Peel

바운딩Bounding은 위협이 있거나 위협이 있다고 판단되는 것을 아군이 그것을 잡아 경계를 제공받는 상태에서 이동을 의미한다. 바운딩은 상황에 따라서 경계와 넘어가는 인원이 달라진다. 경계는 1명에서 다수인 제대가 될 수 있고, 마찬가지로 넘어가는 인원도 1명에서 다수인 제대가 될 수 있다.

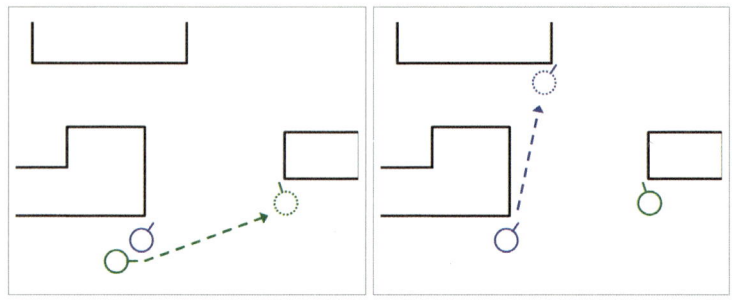

〈사진 5〉 바운딩Bounding 예시

바운딩으로 몇 명이 넘어갈지 판단을 할 때 사이드의 개념을 함께 적용한다. 넘어갔을 때 위협이 싱글 사이드라면 1명이 넘어가도 괜찮지만, 더블 사이드라면 최소 2명이 같이 넘어가야 하는 것처럼 넘어갔을 때의 상황도 이어서 판단해야 한다.

플로우Flow는 뜻처럼 흐름으로 자연스럽게 이동하면서 각자의 경계 구역을 경계하면서 이동하는 것이다. 위협 수준이 낮을 때 주로 사용하며 거리가 비교적 장거리나 빠른 기동이 필요하면 사용할 수도 있다. 경계하면서 상황위협이나 지형 등에 따라 필요하면 백투백Back to Back 이나 플러그Plug 등의 기술을 사용하면서 이동한다.

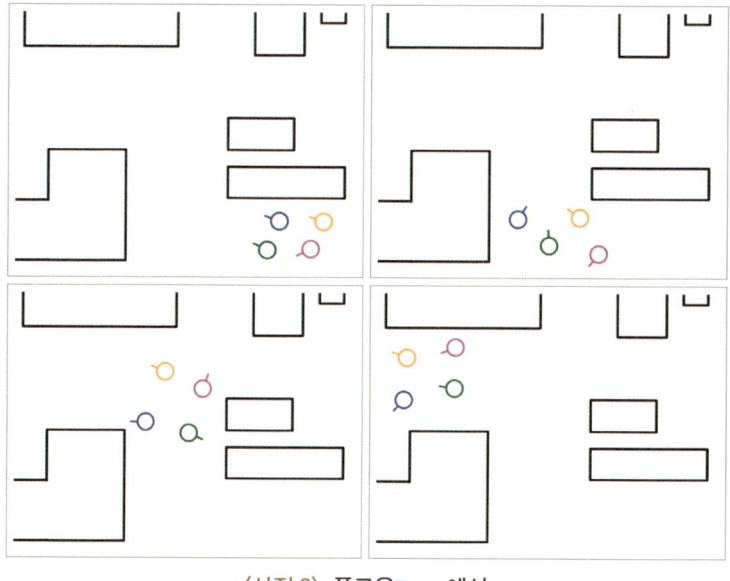

〈사진 6〉 플로우Flow 예시

범프Bump는 밀어내는 것으로 경계를 잡고 있는 상황에서 뒤따르는 인원이 앞사람의 경계를 잡고 기존의 사람을 이동시키는 것으로, 경계를 잡고 넘어가는 바운딩과 유사하지만 이름의 뜻인 부딪히는 것 그대로 앞사람이 뒤따르는 사람에게 부딪혀 밀려서 이동하는 것으로 생각하면 쉽다. 제대 간 섞이지 않도록 앞 제대의 마지막 사람과 뒷 제대의 앞사람이 범프를 하기도 한다.

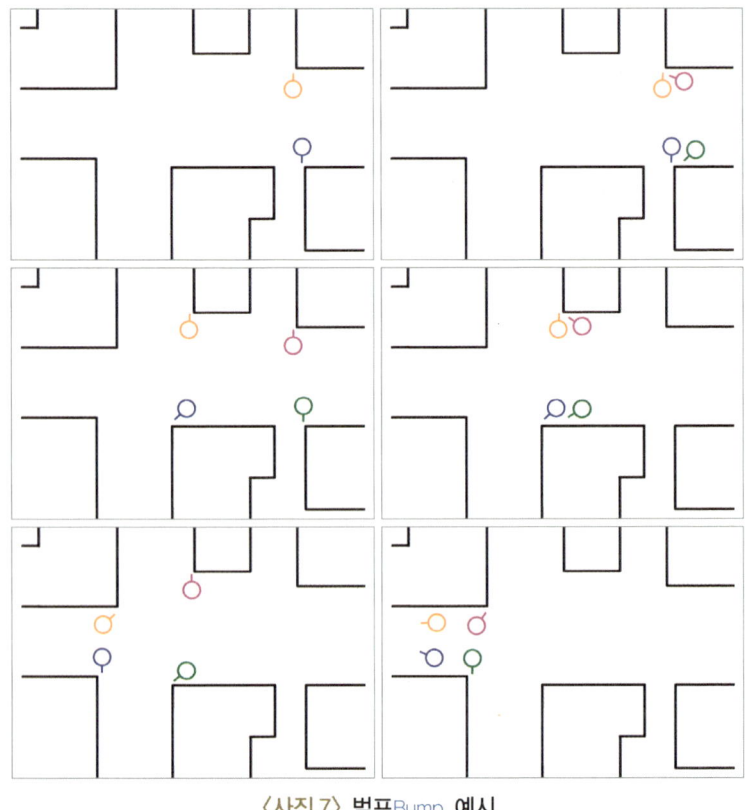

〈사진 7〉 범프Bump 예시

필Peel은 이동하고자 하는 방향의 가장 끝에 있는 인원부터 빠져서 이동하는 것으로, 뜻처럼 과일의 껍질을 벗기듯이 이동한다. 필의 경우 적에게 훤히 보이는 곳에서 하면 예측 당해서 맞을 수 있기 때문에 지형을 잘 보고 사용해야 하고, 필은 상황에 따라서 좌/우뿐만 아니라 여러형태로 응용될 수 있다.

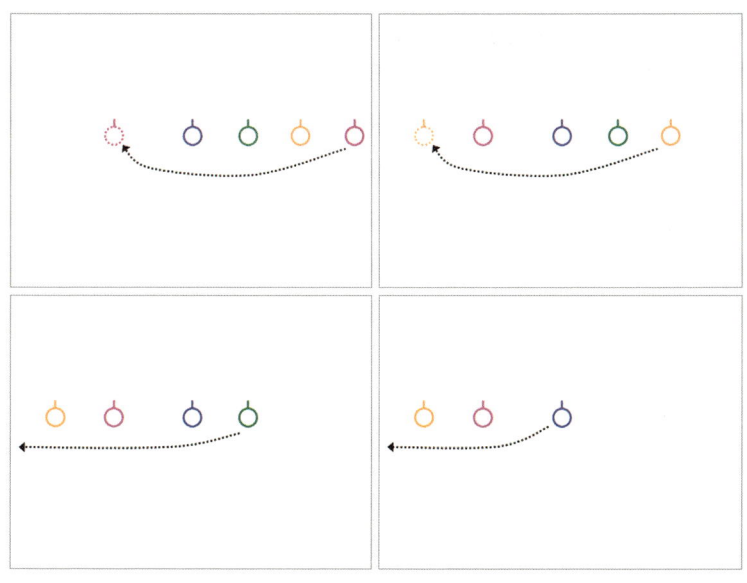

〈사진 8〉 필Peel 예시

 이동기술은 개인 단위로 할 수 있겠지만 2인 이상 조 단위 등으로도 충분히 응용이 가능하고. 수평적 이동뿐만 아니라 언덕, 고지, 층간 이동 등 수직적 이동도 포함하여 이동할 수 있다.

step.3 기본 전투행동

☐ 조정간 및 손가락 조작

구 분	조정간 안전	방아쇠 안전	위험도
조정간 단발 + 핑거 온 더 트리거	×	×	1
조정간 안전 + 핑거 온 더 트리거	○	×	2
조정간 단발 + 핑거 세이프티	×	○	2
조정간 안전 + 핑거 세이프티	○	○	4

위협을 경계하거나 스캔 등을 실시할 때 조작으로 부대의 숙련도 및 SOP에 따라 적용한다. 다음은 부대별로 다르게 적용한 것의 예시로 상황에 맞춰 구분하여 사용할 수 있다.

- 쏴야 하는 적이 아닌 모든 상황 : 조정간 안전 + 핑거 세이프티
- 근접하거나 내부에서의 위협을 경계 또는 스캔 : 조정간 단발 + 핑거 세이프티
- 근접한 위협을 경계 : 조정간 단발 + 핑거 온 더 트리거

그리고 CQB상황에서는 위협을 경계하거나 할 때 총구가 동료를 겨누는 상황이 충분히 생길 수 있다. 그렇기 때문에 총기 안전수칙을 비롯한 사격을 반드시 마스터해야 한다.

❏ 텔레그래핑 Telegraphing

격투기 등에서 다른 선수의 공격을 읽는 것으로 CQB에서 시각 및 청각적 노출로 인해 적에게 아군이 노출되는 것을 의미한다.

시각적 노출 예시

- 코너 또는 문 앞 진입 지점에서 불필요하게 총구 및 신체 등 노출
- 가시든 비가시든 불필요한 레이저 및 웨폰라이트를 키는 행위
- 복합광 상황에서 불필요하게 신체에 빛을 맞는 행위

청각적 노출 예시

- 불필요한 발소리 또는 바닥에 있는 물체를 밟거나 건드려 나는 소리
- 불필요한 각종 장구류 소리
- 진입 전 당기는 문을 열고 고정할 때 신체로 인해 불필요하게 나는 소리
- 불필요한 육성통제 또는 말소리 크기
- 기동 간 벽 등에 신체나 장구류가 긁혀서 나는 소리

목소리와 동작은 전염성이 크다. 팀원 중 한 명이 목소리를 불필요하게 크게 내고 이것이 통제가 되지 않으면 어느 순간 전체가 큰 목소리를 내면서 떠들게 된다. 마찬가지로 쓸데없이 큰 동작을 반복하면 나머지도 그렇게 되기 때문에 은밀한 행동이 필요한 상황에서는 특히나 주의해야 한다.

❏ CQB훈련 준수사항

CQB훈련 간 훈련 목적에 맞춰서 하되, 아래는 공통적으로 하면 안 되는 기본적인 사항이다. 복잡한 상황이나 체력적으로 힘든 상태에서도 항상 발생하지 않도록 훈련해야 한다.

- SOP나 필요한 상황이 아닐 때 방아쇠에 손가락을 올리는 행위
- 총구로 아군을 긁는 스위핑Sweeping
- 아군의 총구 앞을 지나가서 긁히는 셀프 스위핑Self Sweeping
- 아무 생각 안 하고 멍 때리는 행위
- 멋대로 행동하는 행위
- 적을 보고도 쏘지 않는 행위
- 언노운Unknown을 쏘는 행위
- 텔레그래핑을 하는 행위
- SOP와 TTPs를 지키지 않는 행위
- 팀원이 서로가 예측 가능하지 못하는 행동

CQB같은 전술훈련을 하는 이유는 기본을 잘하기 위함이고, 전술훈련을 자주해야 하는 이유는 어떤 상황에서도 기본을 잘하기 위해서고, 이런 전술훈련을 제대로 해야 하는 이유는 제대로 해야 기본을 잘할 수 있기 때문이다. 그리고 전술훈련이 중요한 이유는 실전에서 기본을 할 수 있게 해주기 때문이다. 최고의 전술훈련은 특별한 게 있는 것이 아니라 남들보다 기본을 잘하는 것이다.

CQB에서 중요한 것은 단순 총의 개수가 아니라 상황을 관찰하는 눈과 판단할 수 있는 두뇌가 중요하고, 단순 속도와 정확성보다는 정

확성과 처리능력판단력을 갖춘 속도가 중요하다. 그렇기에 훈련을 항상 똑똑하고 올바르게 해야 한다.

CQB에서는 바로 옆에서 총을 쏘는 경우가 많다. 그로 인해 탄피가 옆의 아군을 때릴 수 있고, 내가 맞을 수도 있다. 그 탄피는 옷깃으로 옷 안으로 들어갈 수도 있는 등 영향을 끼치기 때문에 그 탄피를 견디거나 아군에게 탄피의 영향을 주지 않는 행동을 하거나 영향을 받지 않는 행동을 하는 등 할 수 있도록 탄피받이를 하지 않고 훈련을 해야 한다.

대부분의 부대에서 하는 과오 중의 하나가 필요한 탄약량을 훈련에서 산출하지 못하는 것이다. 이는 훈련에서 공포탄 분실이 두렵거나 관리하기 귀찮아 겨우 개인당 10발~30발씩 휴대해서 훈련을 한다. 이로 인해 훈련 간 작전을 계속 해야 하는데 개인이 훈련에 집중을 못하게 하고 상황 자체를 포기하게끔 만들어 실제 전투행동을 끝까지 제대로 하지 못하게 만드는 치명적인 실수를 한다. 이는 훈련 수준도 떨어질뿐더러 자신의 부대가 실제로 어느 정도 탄약이 필요한지 판단 근거조차도 없는 상태를 초래한다.

필요 탄약이 있다는 대사수의 부대들은 METT-TC를 고려하지 않고 이전과 똑같은 기본휴대량 140발을 그대로 유지하거나 최대휴대량 420발을 휴대한다고 할 것이다. 개인당 140발이더라도 훈련을 할 때 140발 전체를 주어야 얼마만큼 삽탄해서 챙기고 얼마만큼 삽탄하지 않고 챙기는지와 그 수량만큼 전투에 방해가 되지 않도록 어떻게 휴대하고, 그 하중에 익숙해져 견디며 전투를 하는지 제대로 된 훈련이 된다. 그리고 적의 상황, 아군 상황, 지형에 따라 어느 정도의 탄이 소모

되고, 이에 따라 작전을 얼마나 지속이 가능한지와 추가적인 지속지원이 얼마나 필요한지 등 전투를 일선에서 치루는 창끝부대에서부터 실질적으로 전투수행을 할 수 있는 능력이 생긴다.

필자가 탄약에 관해서 서술한 부분을 제대로 하지 않아서 발생하는 것들 중에 하나가 훈련에서 탄약이 남으면, 근본적인 훈련에 대한 본질에 대해 이해하지 못하여 왜 탄약이 남았냐고 질타를 하거나 계획된 대로 탄약을 쓰지 않냐고 질타를 하는 것이다. 실제 FTXField Training Exercise를 하면 적과 조우를 100% 할 수 없을뿐더러 조우했을 때 대처하는 탄약 또한 100% 맞출 수 없다. 정확하게 가늠을 할 수 있는 경우는 수많은 훈련을 통해 적의 규모와 아군의 규모를 생각했을 때 공격 또는 퇴출에서 어느 정도 탄을 소모하는지 데이터가 나왔을 때 가능한 이야기이다. 그러므로 훈련을 할 때는 탄을 얼마나 반납하냐를 따지는 것이 아니라 실질적인 훈련의 내용에서 어떤 일이 벌어졌고 어떻게 했냐를 따져서 이를 바탕으로 SOP와 TTPs를 쌓는 것이다.

사회에서는 "관리형 인간"을 회사의 높은 자리에 앉혀 놓으면 그 사람은 자기가 업무하기 쉽게 조직을 재편하기 때문에 관리는 되겠지만, 정작 회사의 근본적인 존재 이유인 혁신과 성장은 못 하는 좀비 기업으로 변한다고 한다. 이를 봤을 때 군은 군대가 왜 존재하는지에 대해서 잊어버리면 안 된다. 그렇기 때문에 특히 이 "관리형 인간"에 대해서 경계하고 주의해야 한다.

❏ 총기로 하는 신호

- 배럴 노드Barrel Nod
- 배럴 릴리즈Barrel Release
- 체크 업/다운Check Up/Down
- 배럴 익스체인지Barrel Exchange

비언어적 의사소통 중 한 방법으로 CQB에서 텔레그래핑을 줄이고 효율적으로 작전수행을 할 수 있게 해준다. 의사소통의 수단이기 때문에 동작을 작거나 애매하게 하는 것이 아니라 신호를 들어야 되는 주변의 아군이 NVGNight Vision Goggle를 착용한 상태에서도 인지할 수 있게 동작을 정확하고 명확하게 해야 한다.

배럴 노드Barrel Nod는 총구를 올렸다가 내리는 동작으로 "나는 준비가 됐다." 또는 "저거 위협이다."를 의미한다. 견착을 유지한 상태에서 총구를 15~18cm 정도 위로 올렸다 내려준다.

〈사진 1〉 배럴 노드Barrel Nod 예시

체크 업/다운Check Up/Down는 준비자세로 상대방에 대해 "니 차례다.", "내 앞사선을 지나가도 된다."를 의미한다. 총구를 위로 올리냐 아래로 내리냐에 따라 체크 업Check Up과 체크 다운Check Down으로 나눠진다.

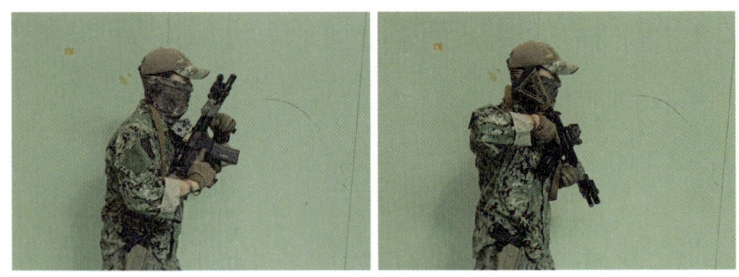

〈사진 2〉 체크 업Check Up 예시좌와 체크 다운Check Down 예시우

배럴 릴리즈Barrel Release는 배럴 노드Barrel Nod 후 체크Check를 하는 것으로 "내가 잡고 있는 것을 니가 가져가라."를 의미한다. 아군과 같이 있고 내가 위협을 잡고 있는 상태에서 하는 것으로 애매하게 총구를 까딱이고 체크를 하는 것이 아니라 정확하게 노드 후 체크를 해야 한다.

〈사진 3〉 배럴 릴리즈Barrel Release 예시

배럴 익스체인지Barrel Exchange는 총구를 15~18cm 올리는 것을 신호로 두 사람의 총구가 전부 올라오면 그때 내려서 서로 잡고 있는 위협을 교환하는 것으로 "내가 잡고 있는 것을 니가 가져가고, 니가 잡고 있는 것을 내가 가져간다."를 의미한다. 주로 더블 사이드 위협에 대해서 사용하기 때문에 2명이 하지만 필요에 따라서는 3명이서 하기도 한다. 스위치Switch라고도 표현되는데 한 사람이 일방적으로 먼저 하기보다는 교환하는 사람의 총구가 모두 올라온 상태에서 동시에 바꿔줘야 한다.

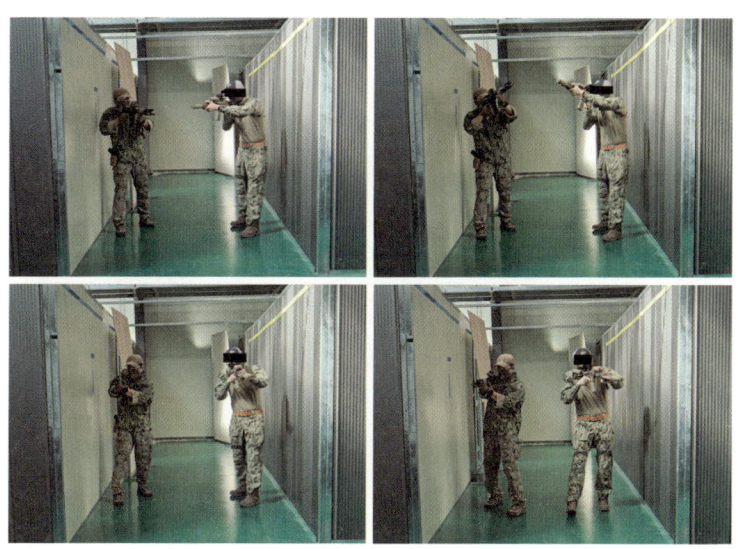

〈사진 4〉 배럴 익스체인지Barrel Exchange 예시

❏ 스냅Snap

- 섹터링Sectoring
- 앵글링Angling

위협을 경계, 즉 잡을 때 사용하는 방식으로 크게 섹터링Sectoring과 앵글링Angling으로 나눠진다. 상황에 따라 유리한 방식을 사용하면 되며 같은 위협이더라도 극복 간 방식이 바뀌어질 수 있다. 이동 중이거나 멈춰있을 때 경계나 스캔은 앵글링을 주로 하지만 극복 및 처리는 섹터링으로 전환해서 하는 것이 대부분이다.

섹터링Sectoring은 가장 가까운 위협을 잡는 것으로 가까운 위협을 잡기 때문에 위협이 다수일 경우 자연스레 구역Sector이 나눠지고, 이렇게 나눠진 구역이 책임구역으로 된다.

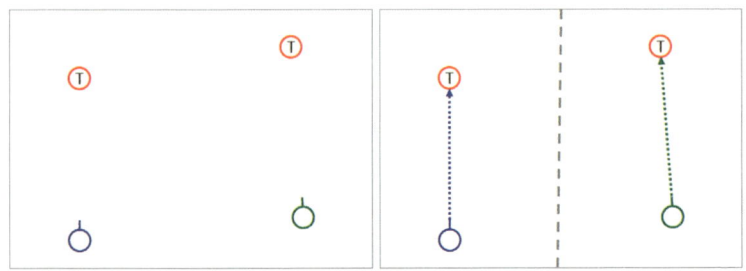

〈사진 5〉 **섹터링**Sectoring **예시**

앵글링Angling은 상대적으로 더 많은 또는 유리한 각을 확보할 수 있는 위협을 잡는 것이다.

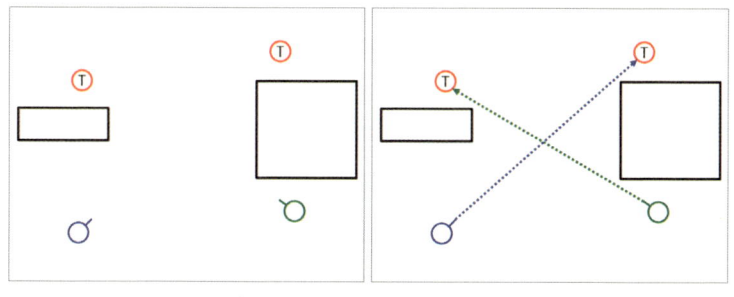

〈사진 6〉 앵글링Angling 예시

❏ 스퀴즈Squeeze

아군의 어깨나 허벅지같은 신체를 손으로 쥐었다 놓는 것으로 접촉 신호이다. 위협에 대해 경계를 하고 있는 인원의 경계를 방해하지 않으면서 출발이나 준비되었다는 의사를 전달할 수 있다. 피복이 두껍거나 스퀴즈를 약하게 주면 제대로 인지하지 못할 수 있기에 뼈가 있는 관절같은 부분이 아닌 살이 있는 부분에 정확하게 인지할 수 있는 수준으로 한다.

☐ 코너 극복 Corner Clearing

• 파이 컷 Pie Cut   • 팝 업 Pop Up   • 하이-로우 High-Low

시야를 가리고 맨 사이즈 홀 Man Size Hole 이 되는 복도 끝 벽이나 출입문 등 각종 구조물의 뒤와 코너가 될 수 있는 곳 자체에 대한 극복 방법이다. 이때 가려지는 부분과 보이는 부분의 경계를 기준으로 움직여서 극복해야 한다.

파이 컷 Pie Cut 은 파이음식를 한 조각씩 자르듯이 시야를 단계적으로 확보하는 방법이다. 파이컷을 할 때는 자신만의 시간을 가지고 신중하게 해야 하지만 그렇다고 출입문 같은 곳에서 너무 느리게 한다면 내부의 적에게 손쉬운 먹잇감이 되기 때문에 너무 느리게 하지 않도록 한다.

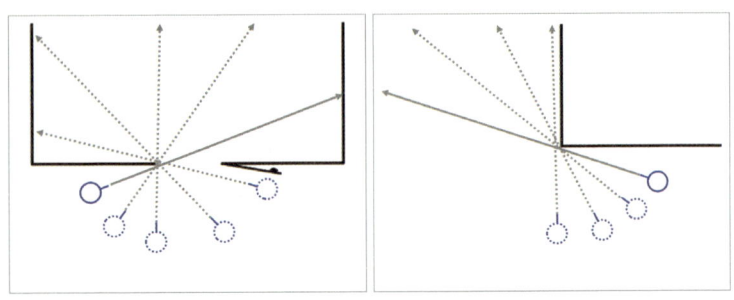

〈사진 7〉 **파이컷** Pie Cut **예시**

파이 컷을 할 때는 시야각 FOV, Field of View 을 이해하고 할 수 있도록 한다. 사람의 시야는 눈을 기준으로 하는데 눈이 있는 머리와 다른 신체 부위와는 노출에 있어 생각보다 차이가 있다. 예시의 측면뿐만 아니라 계단과 같이 위·아래의 차이가 있는 곳에서도 동일하게 적용되는 부분으로 시야각을 이해하고 상황에 따라 내가 노출되지 않은 범위에서 적의 노출 부분을 먼저 식별할 수 있도록 노력한다. 이 부분을 잘 활용하면 상황을 유리하게 이끌어 나갈 수 있다.

〈사진 8〉 **시야각**Field of View **참고 예시**

팝 업Pop Up은 깊은 각까지 한 번에 확보하는 방법으로 인터넷 홈페이지에서 갑자기 뜨는 팝업창을 생각하면 된다.

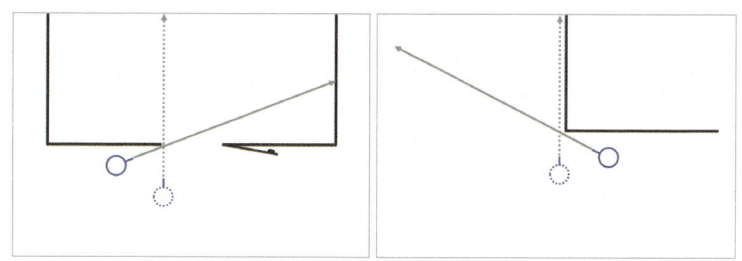

〈사진 9〉 **팝 업**Pop Up **예시**

하이-로우High-Low은 극복해야 되는 코너를 PTPoint Man 혼자서 극복하기 제한될 때 사용하는 방법으로 2명이 경계구역을 나누어 극복한다. 일반적으로 앞에 인원이 앉아주고 뒤에 인원이 서는 방식으로 사용하여 각각 하이High와 로우Low가 되어 로우는 깊은 각의 공간을 책임지고 하이는 넓은 각의 공간을 책임진다.

〈사진 10〉 하이-로우High- Low 예시

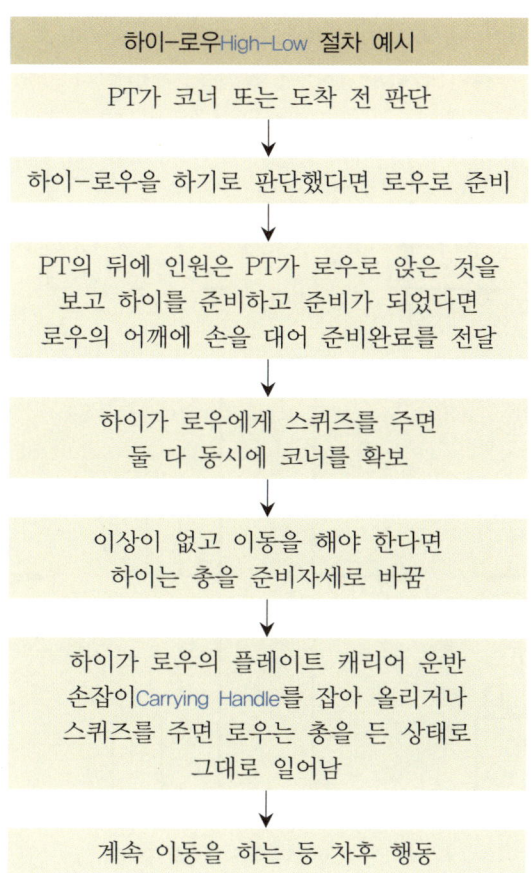

하이-로우에서 로우가 급작스럽게 일어나서 하이의 사선에 들어오지 않도록 하이는 탄알집이 로우의 머리 위에 위치할 수 있도록 해서 올라오는 로우로 하이의 총구가 위로 올라가게 하거나 로우를 눌러서 옆으로 이동하게끔 한다.

코너극복에도 90°룰이 적용되는데 극복하는 면을 90° 이상의 각도로 확인을 해서 그 공간이 확인하는 곳까지인지 아니면 다른 곳으로 이어지는 추가적인 공간이 있는지 확인을 해야 한다.

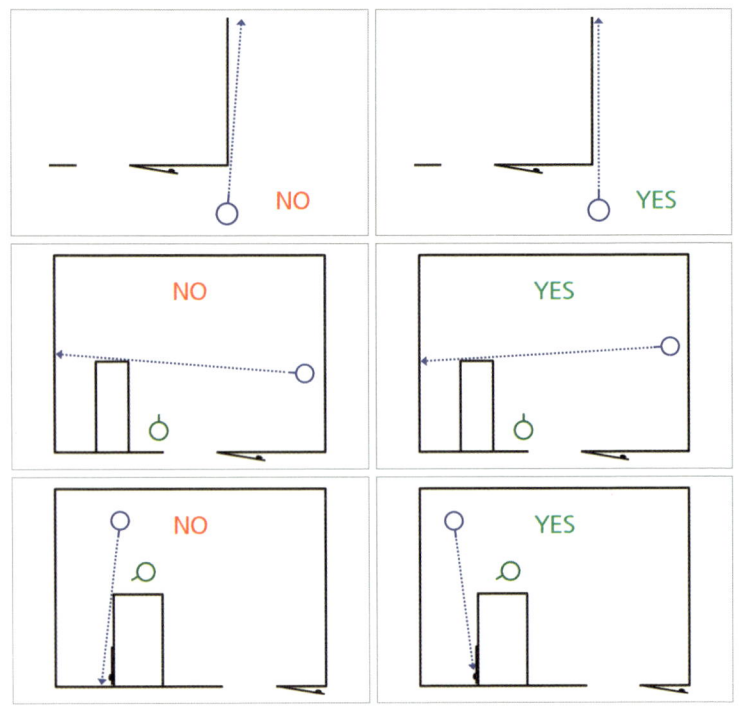

〈사진 11〉 코너극복 90°룰 예시

코너 극복은 METT-TC에 따라서 PT가 파이 컷을 쓸 것이냐 팝 업을 쓸 것이냐 하이-로우를 쓸 것이냐 판단하고 결정하며 여기서 노출의 방향과 주손이 어느 손이냐도 함께 고려해서 행동을 한다. 같은 지형이어도 임무와 적, 아군 상황에 따라 유리한 방법은 달라지기에 여기에서는 무조건 이 방법을 써야 한다가 아니라 상황에 따라 알맞게 기술을 구사할 수 있도록 해야 한다.

❏ 전투행동 기술Tactical Combat Skills

- **백투백**Back to Back
- **스위치**Switch
- **콜랩스**Collapse
- **앵글맨 / 코너보이**Angle Man / Corner Boy

<u>백투백</u>Back to Back은 1개 이상의 초과되는 위협으로부터 아군을 상호 방호해주는 기술로 마치 등과 등을 맞대는 모습이 많아 플레이트 투 플레이트Plate to Plate라고도 한다. 주로 더블 사이드의 상황에서 많이 나올 수 있으며 언제 어디서나 기본기 중의 하나이다.

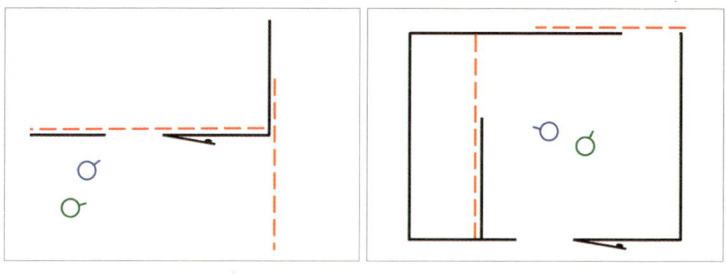

〈사진 12〉 **백투백**Back to Back **예시**

백투백에서 이동의 기준이자 리드하는 것은 가까운 위협을 잡고 있는 사람으로 〈사진 12〉에서는 파란색이다. 파란색은 가까운 위협만 볼 수 있기 때문에 초록색의 이동이나 움직임을 맞출 수 없다. 반면 초록색은 파란색과 파란색이 잡고 있는 위협, 파란색의 초과되는 위협까지 시야에 있기 때문에 파란색의 움직임이나 속도를 맞출 수 있어 초록색은 파란색을 기준으로 움직인다.

백투백은 초과되는 위협을 아군이 잡아주는 것이 핵심이기 때문에 아군끼리 불필요하게 몸이 붙어있지 않아도 된다. 어느 정도 몸이 떨어져 있어도 라인을 맞춰가며 백투백을 할 수 있기 때문에 굳이 아군끼리 몸을 대고 있을 필요가 없다.

스위치Switch는 잡고 있는 위협을 서로 교대하는 것으로 경계할 때는 앵글링을 하는 것이 유리하지만 극복 할 때는 앵글링으로는 위협을 극복하는 것이 제한되어 섹터링으로 전환할 때 주로 사용하며, 이때 배럴 익스체인지Barrel Exchange를 한다. 스위치를 한 뒤에는 기존에 아군이 잡고 있는 경계 부분을 기준으로 위협을 잡아야 한다.

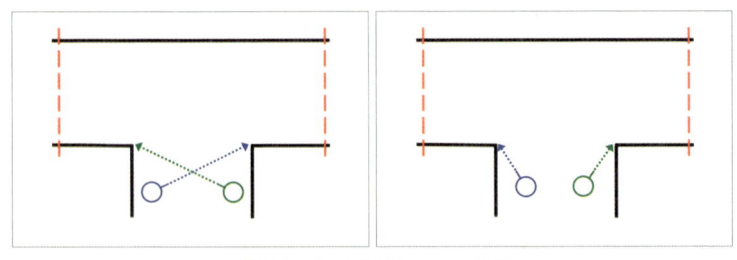

〈사진 13〉 스위치Switch 예시

콜랩스Collapse는 붕괴되다의 뜻 그대로 기존 경계를 무너뜨리고 새로운 위협에 경계를 하는 것을 의미한다. 새로운 위협의 거리가 더 가까운 이유 등으로 위협순위가 상대적으로 더 높기 때문에 둘 다 못 잡을 시 기존에 잡고 있는 위협을 포기하고 새로운 위협을 잡는 것이다. 이때 근처의 아군이 백투백으로 기존의 위협을 잡아서 커버해 줄 수 있다.

새로운 위협은 가만히 있는 상태보다 움직이고 있는 상태에서 나타나는 경우가 많기 때문에 콜랩스는 이동하고 있는 상태에서 많이 한다. 기존 경계를 무너뜨린다는 관점에서 룸 클리어링에서 진입 후 하드코너를 보고 이상이 없으면 POT상 미확보구역인 반대편까지 스캔을 하는 것도 콜랩스이고, 동일한 원리로 계단을 오르거나 내려가면서 기존에 보이는 공간에서 이동하면서 보이는 새로운 공간을 기준으로 위협을 잡는 것도 콜랩스이다.

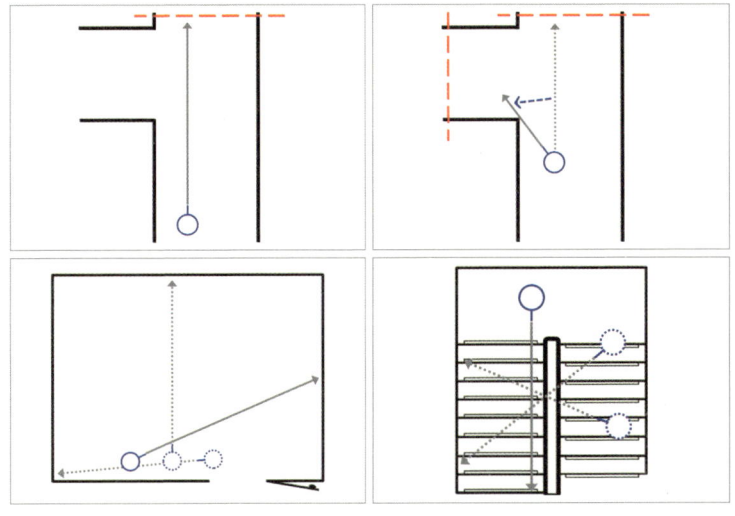

〈사진 14〉 **콜랩스**Collapse **예시**

앵글맨 / 코너보이Angle Man / Corner Boy는 간단하게 큰 각Angle Man과 작은 각Corner Boy을 의미한다.

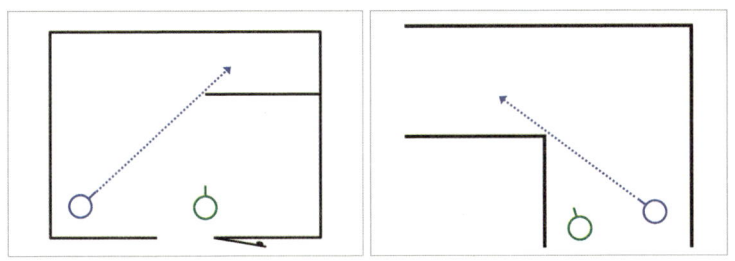

〈사진 15〉 **앵글맨 / 코너보이**Angle Man / Corner Boy **예시**

앵글맨Angle Man은 넓은 각을 확보하고 있기에 해당 위협을 직접적으로 잡고 있는 인원으로 상대적으로 보이는 것이 많기 때문에 이 많은 정보를 바탕으로 상황에 대해 통제하거나 주도적일 수 있는 인원이다. 상황에 따라서 앵글맨은 잡고 있는 위협을 배럴 릴리즈Barrel Release를 사용하여 코너보이에게 넘겨줄 수도 있다.

코너보이Corner Boy는 작은 각을 확보하고 있기에 해당 위협에 대해 앵글맨을 보조하는 인원으로 상대적으로 보이는 것이 적기 때문에 굳이 해당 위협에 총구를 겨누기 보다는 준비자세로 앵글맨에게 주 포커스를 맞춘다. 코너보이는 앵글맨을 즉시 백업 해줄 수 있는 거리를 유지하며 앵글맨의 총구가 어디를 향하고 있는지와 총구가 향하는 위협의 깊이도 유추할 수 있어야 한다.

앵글맨이 처리할 때는 거리와 각도가 있기 때문에 상황에 따라선 위협을 순차적으로 확인 및 처리를 할 수 있다. 코너보이가 처리할 때는 앵글맨처럼 순차적으로 확인 및 처리가 제한 되는 경우가 많지만 상대적으로 속도와 효율이 있기 때문에 항상 METT-TC를 고려해서 해당 상황에 알맞은 행동을 할 수 있어야 한다.

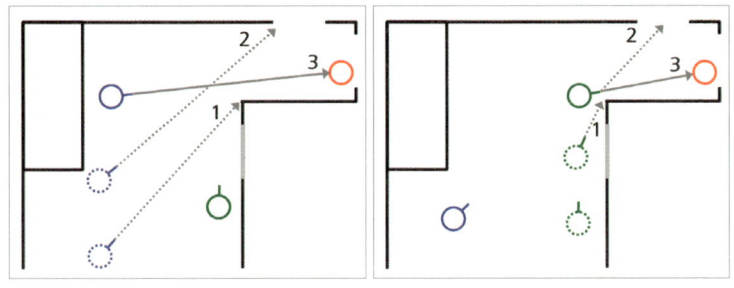

〈사진 16〉 **앵글맨 / 코너보이**Angle Man / Corner Boy **극복 차이 예시**

코너보이는 필요한 상황이 아닌 이상 위협에 노출되는 곳에서 90° 각도로 나와서 우발상황에 피해를 최소화할 수 있도록 한다.

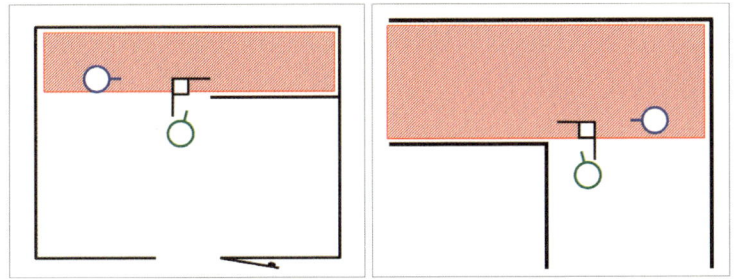

〈사진 17〉 **코너보이**Corner Boy **90°룰 예시**

앵글맨 / 코너보이는 단순 각도만이 아니라 상황에서도 응용될 수 있다. 그리고 모든 상황에 앵글맨 / 코너보이가 있는 것이 아니라 상황에 따라 앵글맨만 있을 수도 있다.

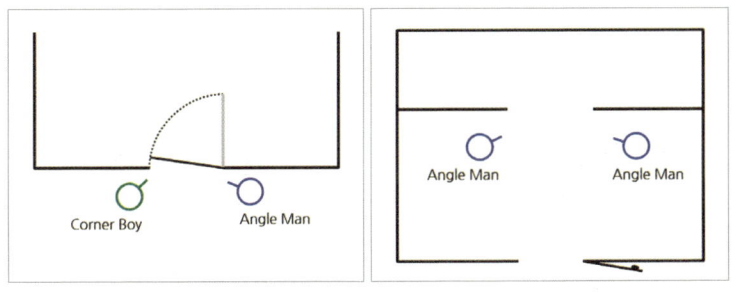

〈사진 18〉 **앵글맨 / 코너보이**Angle Man / Corner Boy **응용 예시**

❑ 아군 피해방지

- 머즐 비포 플레쉬Muzzle Before Flesh
- 온라인 룰On Line Rull
- 90°룰
- 충돌방지Deconfliction

CQB 상황에서는 시야를 막고 있는 각종 구조물들로 인해 적과의 근접한 상황 말고도 아군끼리 붙어있는 상황이나 급작스럽게 아군과 충돌하는 상황이 충분히 일어날 수 있다. 그렇기 때문에 다음과 같은 행동으로 아군끼리의 피해를 방지해야 한다.

머즐 비포 플레쉬Muzzle Before Flesh는 총구 뒤에 신체가 위치하는 것으로 본인과 아군의 총구 앞 또는 총구 선상에는 본인과 아군의 신체가 위치하지 않게 하여 사격 간 총구의 충격으로부터 피해를 방지한다.

〈사진 19〉 머즐 비포 플레쉬Muzzle Before Flesh 예시

주로 빈 총인 드라이로 하거나 공포탄으로만 할 때 많이 발생하는 것으로 총구를 아군의 머리 바로 옆이나 몸에 붙여서 쏘는 경우가 많은데 이를 실탄으로 실제 하게 된다면 옆 사람은 충격파로 인해 크게

다칠 수 있다.

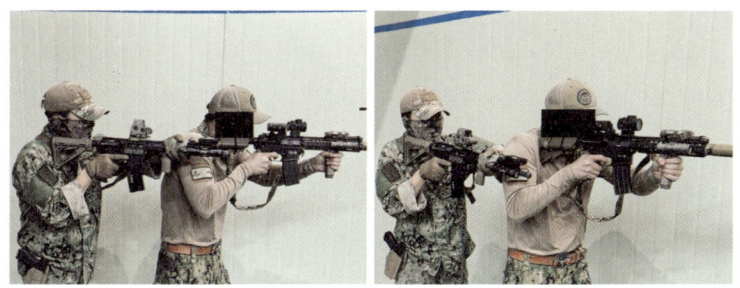

〈사진 20〉 **머즐 비포 플레쉬**Muzzle Before Flesh**를 하지 않은 예시**

상대적으로 뒤에 있는 인원은 앞에서 쏘고 있는 인원과 어깨라인을 어느 정도 맞추고 여기에 따라 총구가 전방으로 향하게 되면 그때 사격을 하면 된다. 이때 신체가 붙게 되는데 전진해야 할 때 붙어있는 신체로 앞으로 밀거나, 나오면 안 될 때 나오는 인원을 막는 등으로 일종의 접촉 신호를 사용할 수 있다.

그리고 다리는 앞에 있는 인원이 뒤로 빠지거나 할 때 걸리지 않도록 앞사람 기준 오른쪽으로 내가 나와 있으면 오른발을 앞으로 하고, 왼쪽으로 나와 있으면 왼발을 앞으로 한다.

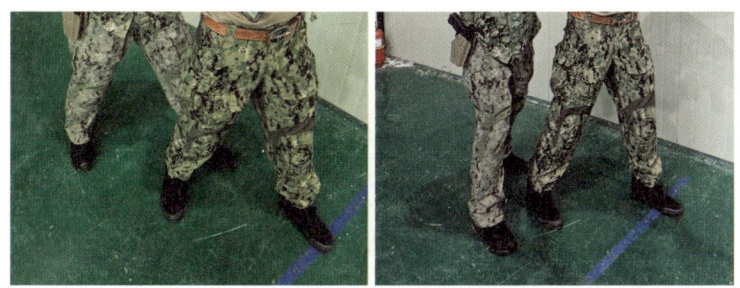

〈사진 21〉 **걸릴 수 있는 발 예시**좌**와 권장하는 발 예시**우

온 라인 룰On Line Rull은 라인을 맞추는 것으로 아군의 사선에 아군이 없게 하거나 적의 움직임에 총구가 따라 움직여도 아군이 사선에 오지 않게 하는 방법이다. 건물 외부나 야지에서 횡대로 전투하는 것과 동일하게 라인을 만드는 것으로 CQB에서는 좁기 때문에 모든 인원이 동시에 온 라인을 이루지는 않으며 통로나 격실 같은 곳에서 적과 접촉한 인원들이 온 라인을 한다.

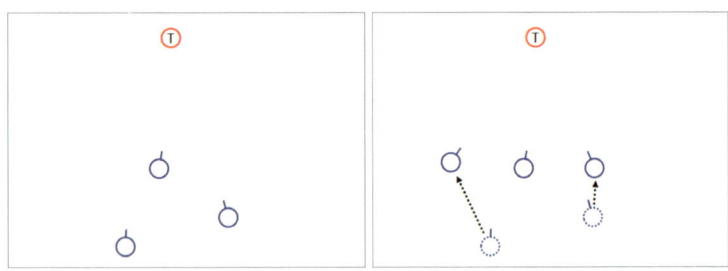

〈사진 22〉 온 라인 룰On Line Rull 예시

사격을 하거나 적을 발견하고 사격을 해야 할 상황에 직면하면 주변 아군의 위치를 인지한 상태에서 먼저 발견하거나 가장 유리한 위치에 있는 아군을 기준으로 라인을 맞춰주고, 가구나 은·엄폐물이 있다면 활용해서 한다.

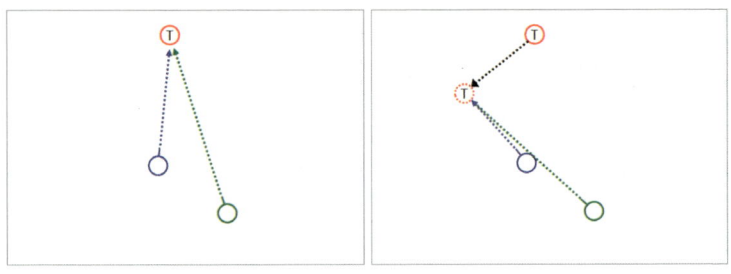

〈사진 23〉 온 라인 룰On Line Rull을 하지 않아 피해 발생 예시

온 라인 룰을 지키지 않고 갑자기 나타난 적에 반응해서 사격을 하게 된다면 적의 움직임에 따라 총구가 따라가고 아군을 같이 쏘는 경우가 충분히 발생할 수 있다.

90°룰은 여러 가지가 있지만 여기서는 인원POT 1번, 2번이나 연결된 공간의 미확보구역에 대해서 경계를 잡거나 처리를 할 때 양 끝의 인원은 90° 이상으로 벌리지 않는 것이다. 90° 이하일 때는 둘 다 사선을 어느 정도 확보를 해서 인원이 돌발행동으로 움직이더라도 총구가 아군에게 향하기 전에 멈출 수 있는 거리가 상대적으로 길지만 90°가 넘어가면 애초에 사선이 그만큼 좁기도 하고 돌발 행동으로 움직였을 때 총구가 아군에게도 함께 향하게 되기 때문에 되도록 지양한다.

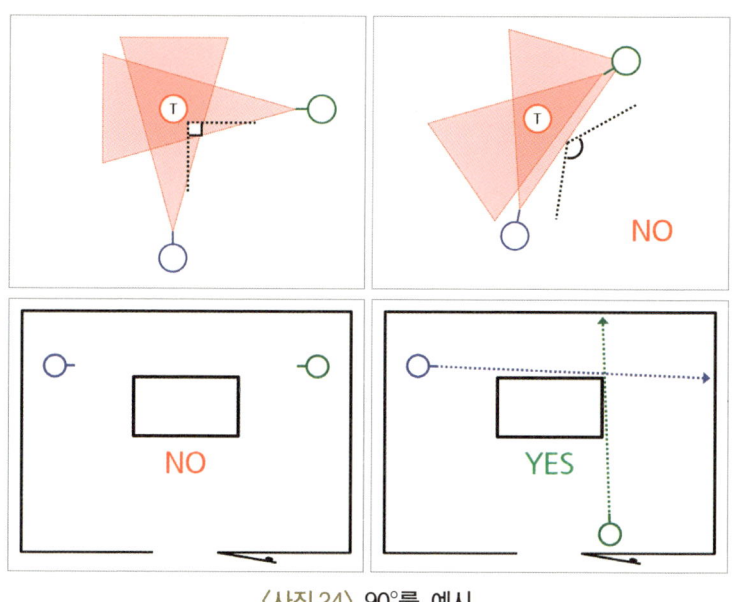

〈사진 24〉 90°룰 예시

충돌방지|Deconfliction는 지형적으로 복잡해서 섞이거나 이동 간 조별로 부딪힐 수 있을 때 몸이 먼저 나간다면 적으로 반응해서 아군이 총을 쏠 수 있기에 말 그대로 충돌을 방지하는 것이다. 흔히 왕복 1차선 도로에서 자동차를 운전할 때 코너를 돌기 전에 차가 있다는 것을 알리기 위해 클락션을 먼저 울리는 것처럼 미리 다른 수단으로 아군이 나간다는 것을 상식적으로 알리면 된다. 마찬가지로 암구호를 주고 받는 것 또한 피아식별이면서 충돌방지의 효과를 줄 수도 있다.

step.4 이동과 클리어링

❏ 통로이동 Constricted Route Movement

통로는 실내 복도만이 아니라 작전대원들이 이동하는 실내·외를 모두 포함한다. 통로의 형태에 따른 원리는 실내·외가 크게 다르지 않으며 차이점은 복도처럼 벽이라는 은·엄폐물의 유·무와 이런 인공 구조물이 가까이에 있냐 멀리있냐의 차이가 있을 뿐이다.

통로의 폭에 따라 PT의 수가 달라질 수 있다. POT에 따른 위협의 수준과 개수, 사이드 개념을 함께 고려하여 PT를 효과적으로 운용해야 한다.

〈사진1〉 통로 폭에 따른 PT 예시

PT 수에 따라서 기동대형이 자연스레 만들어지는데 싱글 포인트 Single Point는 1열 종대인 싱글 파일Single File이 되고, 더블 포인트Double Point는 2열 종대인 더블 파일Double File, 트리플 포인트Triple Point는 Y대형 또는 롤링T Rolling T이 된다. 기동대형은 정해진 기동대형으로 끝까지 가는 것이 아니라 지형과 위협의 수준에 따라서 언제든지 바뀔 수 있다.

이동 간 마주하게 되는 위협에 따라 PT 뒤에 있는 인원들은 앞사람만 보고 따라가는 것이 아니라 주변을 보면서 유동적으로 움직이면서 이동해야 한다.

이동 간 후방경계에는 여러 가지 방법이 있는데 대표적으로는 후방경계를 하는 인원은 일정 걸음마다 총구방향으로 뒤를 돌아보면서 이동한다. 상황에 따라서는 아예 후방을 바라보면서 뒷걸음질로 오는 것도 하나의 방법이다. 작전하는 상황에 따라 유리한 방법으로 후방경계를 하면 된다.

통로이동 간 건물 외벽이나 실내 벽을 끼고 이동을 할 때는 도비탄이나 파편으로 인한 피해를 방지하기 위해 벽에서 1ft 약 30cm 정도 떨어져서 간다. 벽에 너무 붙어 있다면 장구류가 벽에 끌려 소리가 발생하고 도비탄이나 파편에 맞기 쉬우며 맞고 벽에 튕겨질 수 있다. 벽에 너무 떨어져 있으면 바닥으로 바로 쓰러지거나 쓰러지면서 머리를 바닥에 부딪힐 수 있다.

1ft정도 떨어져 있는 상태에서는 피탄되더라도 바닥에 바로 넘어지기보다는 벽에 기댄 상태로 계속 대응을 할 수 있다.

탄은 일반적으로 벽을 관통하지 못하면 입사각과 반사각이 똑같지 않으며 각도에 따라서 비껴져 가거나 탄두가 찌그러지면서 파편이 튄다.

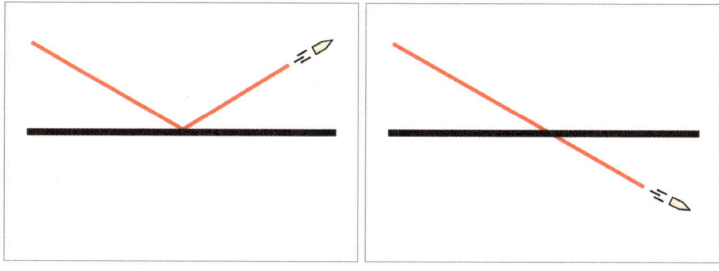

〈사진 2〉 사실상 불가능한 완벽한 도비탄과 관통

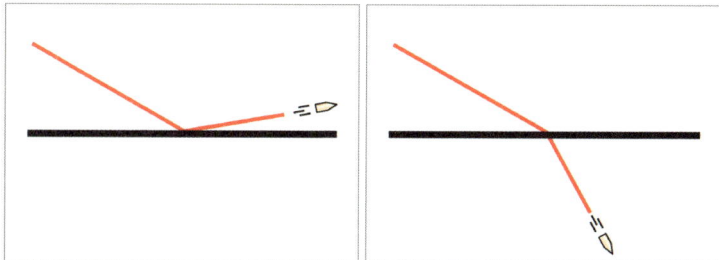

〈사진 3〉 실제로 일어날 수 있는 도비탄과 관통

❏ 형태별 통로이동 Constricted Route Movement by Type

형태별 통로이동으로 예시는 이론적 샘플로 반듯한 형태지만 원리는 동일하기 때문에 원리를 이해하고 건물 외부나 건물 내부 복도 등에서 METT-TC에 맞춰 응용할 수 있도록 한다.

형태별 통로를 극복할 때는 'MOVE-PIE or POP-PEEK-PUSH-MOVE'의 단계로 이루어진다. 최초 MOVE는 이동을 하는 것이고 코너를 마주하게 되면 파이킷 또는 팝업을 통해 코너를 극복한 뒤 엄폐한 상태에서 90°를 유지하는 PEEK을 한다. 여기서 경계를 유지한 상태에서 바로 이동을 하지 않고 대기를 할 수도 있고, 다른 인원들을 바운딩 시킬 수도 있다. 계속 이동을 한다면 해당 방향의 통로에 총구를 많이 꽂는 PUSH를 해주고 계속 이동 MOVE을 해준다. 다음 예시부터는 최초 MOVE를 생략한다.

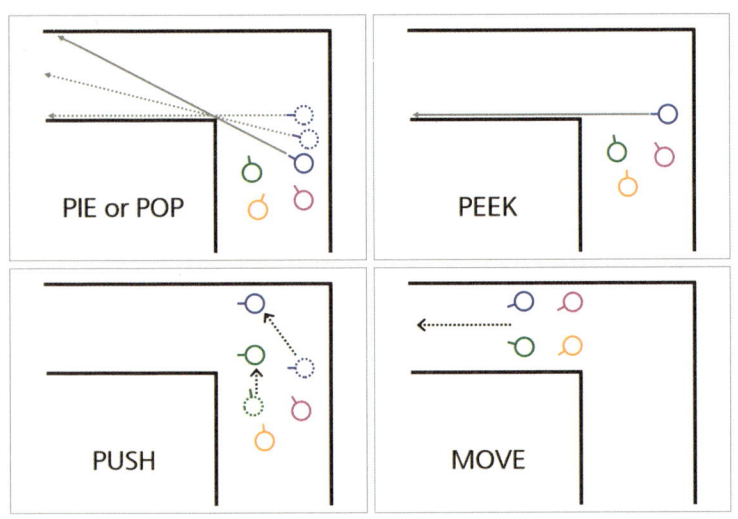

〈사진 4〉 ㄱ자 형태 통로 이동 예시

공간이나 통로에 대해 PUSH 할 때 코너를 확보한 인원이 공간을 넓혀주는 방식과 넓히지 않고 다른 인원이 바깥으로 가는 방식 두 가지가 있다. PEEK을 한 PT가 정보를 가지고 있기 때문에 판단을 하고 뒤에 있는 인원이 움직임을 보고 맞춰서 행동한다.

첫 번째 방식은 위협의 공간에 상대적으로 빠르게 총구를 채워줄 수 있고, 두 번째 방식은 위협의 공간에 상대적으로 덜 빠르게 총구를 채우지

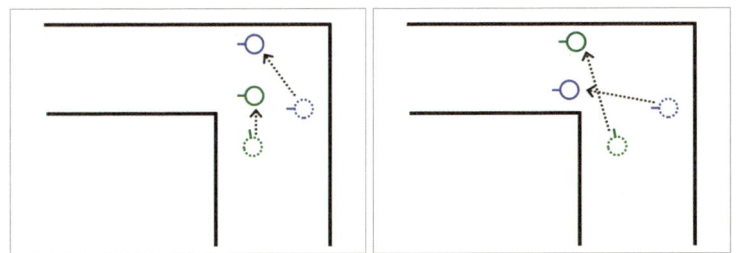

〈사진5〉 통로에 대한 PUSH 하는 방식 두 가지 예시

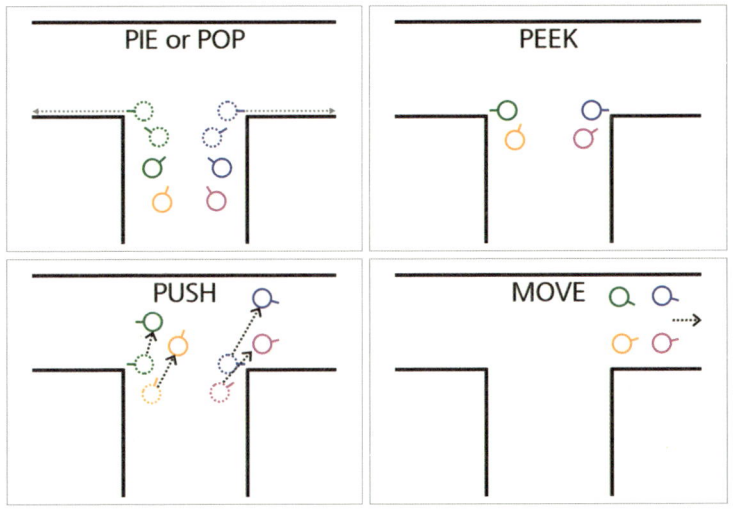

〈사진6〉 T자 형태 통로 이동우측 예시

만 본인이 인지한 추가적인 위협을 아직 보지 못한 인원이 코너극복 간 인지를 하고 그때 채우기보다 자기가 먼저 잡을 수 있다는 장점이 있다.

T자형 통로에서 스위치를 할 때는 반대편 아군 총구 앞 1ft 또는 1m는 침범하지 않도록 한다. 각도를 너무 타이트하게 가져가면 교차사격의 위험이 크다.

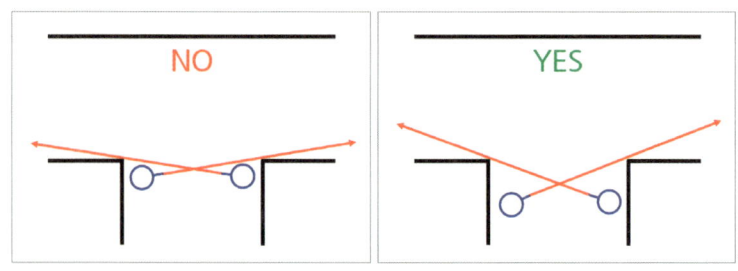

〈사진 7〉 T자형 통로 스위치Switch 주의사항

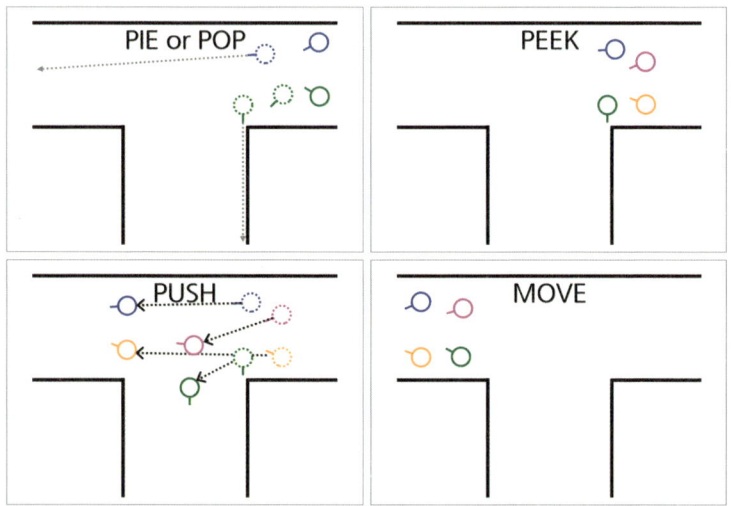

〈사진 8〉 ㅏ자 형태 통로 직진 이동 예시

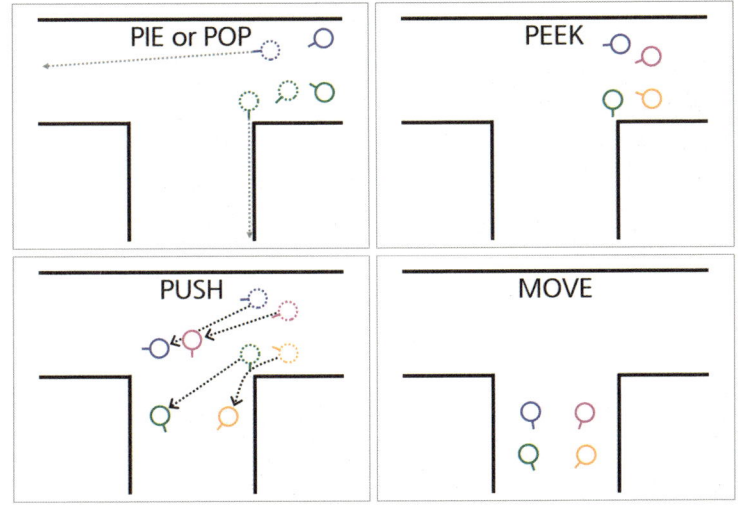

〈사진 9〉 ㅏ자 형태 통로 측면 이동 예시

ㅏ자형 통로에서는 같은 미확보구역이어도 측면 코너가 거리가 더 가깝기 때문에 전방보다 우선순위가 상대적으로 높다. 그래서 PEEK을 하기까지 90°를 확보하는 인원이 확보할 때까지 맞춰서 행동하고, 전방을 보는 인원이 90°전까지는 노출이 발생하지 않도록 한다. 90°를 확보한 상태에서는 이미 PEEK을 한 인원이 경계를 하고 있기 때문에 전방을 보는 인원은 총구를 뻗어 경계를 한다. 90°확보 전 전방을 보는 인원은 디프레스드 머즐을 하지 않는다고 경계를 하지 않는 것이 아니기 때문에 총구는 노출이 안 되게 내리더라도 눈으로 경계를 하고 있는 상태여야 한다.

〈사진 10〉 ㅏ자 형태 코너극복 간 먼저 노출되는 예시

〈사진 11〉 ㅏ자 형태 정상적인 코너극복 예시

〈사진 12〉 ㅏ자 형태 PEEK 예시

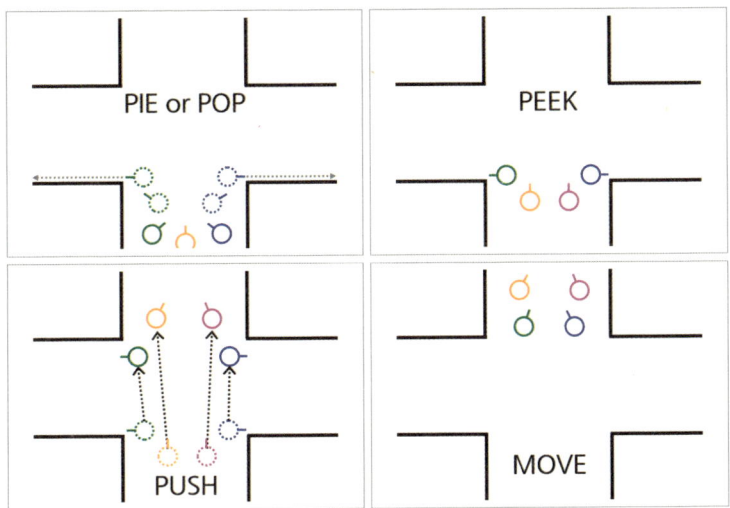

〈사진 13〉 +자 형태 통로 직진 이동 예시

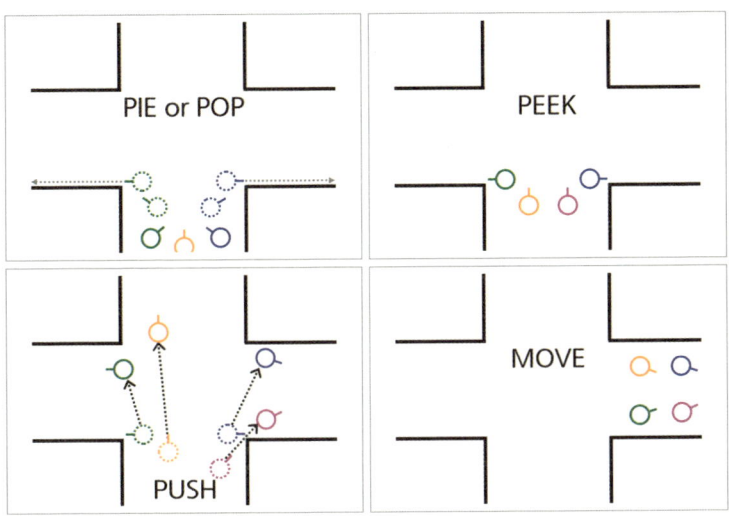

〈사진 14〉 +자 형태 통로 측면우측 이동 예시

❏ 계단 이동Stairs Movement

계단은 CQB에서 복도와 함께 실내에서 위험한 구역 중의 하나이다. 방이나 복도같이 수평적인 구조가 아니라 계단은 수직적인 구조를 가지기 때문에 경계와 이동을 동시에 하기에 상대적으로 어려운 곳이기도 하다. 수직적 구조의 계단에서는 방과 복도를 극복하는 원칙과 동일하지만 위와 아래층의 노출에 주의해야 한다. 계단은 고착되기 쉬운 곳이면서 고착이 되면 다량의 피해가 발생할 수 있는 공간이다. 그래서 계단에서의 교전은 최대한 회피하는 것이 이상적이다.

계단의 구조는 굉장히 다양하기 때문에 해당 구조에 맞는 최적의 방식으로 극복을 해야 한다. 이러한 계단은 다음과 같은 요소로 구분될 수 있다.

종 류	차 이	
계단 폭	좁음	넓음
이동 방향	올라감	내려감
구조	직선형	ㄱ자, ㄷ자형 * 스위치백Switchback
층계참 형태	층계참에 창문이 있음	층계참에 벽이 있음
층계참 존재 여부	층계참이 존재	층계참 없이 바로 입구
층계참 시야	층계참에서 아래가 보임	층계참에서 아래가 안 보임
계단 사이 빈 공간 * 샤프트Shaft	있음	없음
계단 아래 공간	접근 가능	접근 불가능
계단 위치	개방된 외부 계단	건물 내부 계단

계단도 시야각을 이해해야 한다. 아래에서 위를 볼 때는 하체를 먼저 볼 수 있으며, 위에서 아래를 볼 때는 머리를 먼저 내밀어야 볼 수 있고 아래 사람의 머리가 있는 상체부터 볼 수 있다.

〈사진 15〉 계단 위·아래 시점 예시

계단 극복 간 계단 사이 공간인 샤프트Shaft가 있고 그 공간이 충분하다면 그곳을 통해서 여러 층에 있는 적들이 이동하는 아군을 관측할 수 있기 때문에 이동하거나 경계할 때 샤프트를 통해 공간을 확인한다. 그리고 이동을 할 때는 대체로 이곳을 확보하고 이동을 할 수도 있다.

〈사진 16〉 계단 샤프트Shaft 확보 예시

계단 이동 방향 장·단점		
상향이동	장점	• 별도 자산이 필요없는 건물 진입 후 이동 • 교전 간 부상자 발생 시 상대적 빠른 후송조치
	단점	• 상층에서 투척물이나 중화기, 개인화기 화력 집중 시 다수 사상자 발생 가능 • 작정하고 준비한 적에 대해서 공격의 흐름 정체 • 총은 아래로 겨누는 것보다 위로 겨누는 것이 어려움
하향이동	장점	• 적에게 기습하기 쉽고 적의 균형을 무너뜨릴 수 있음 • 적을 빠르게 압도할 수 있음 • 총을 위로 겨누는 것보다 편하고, 투척물 던지기 쉬움 • 위층에서 아래층을 보기가 편함
	단점	• 내부에 묶이게 되면 제한된 퇴로밖에 확보 못함 • 부상자 발생 시 다시 계단을 올라야 하는 어려움 발생

계단 극복에도 사이드 개념에 따라 최소 인원수와 해당 인원들로 콜랩스와 백투백을 통한 극복을 해야 한다. 상향이동에는 극복할 수 있는 최소한의 인원으로 극복이 되면 후속하는 제대가 빠르게 붙어주도록 하여 계단에서 교전이 발생했을 때 많은 인원이 고착되어 불필요하게 피해가 발생되지 않도록 한다.

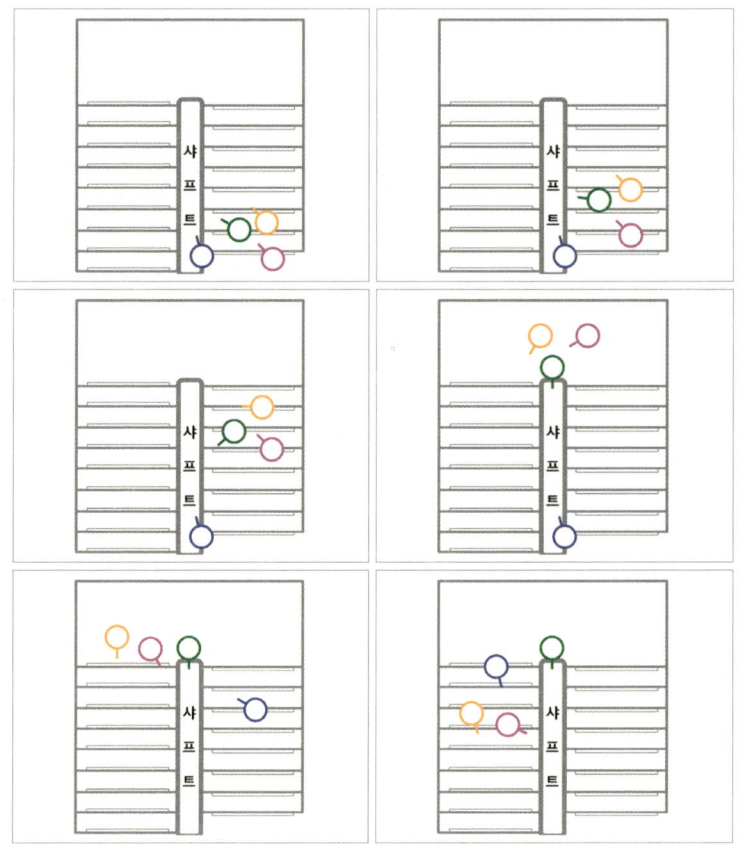

〈사진 17〉 계단 극복 예시

아래에서 위로 올라갈 때 주의해야 할 점이 엄폐물 사격과 마찬가지로 머리부터 노출이 시작되지만 총구는 그 아래에 있기 때문에 이를 고려하지 않으면 계단을 먼저 쏠 수 있다. 그래서 계단의 형태와 상황에 따라서는 극복을 위해 엄폐물에서 사격하는 것과 동일한 원리의 전투기술을 해야 할 수도 있다.

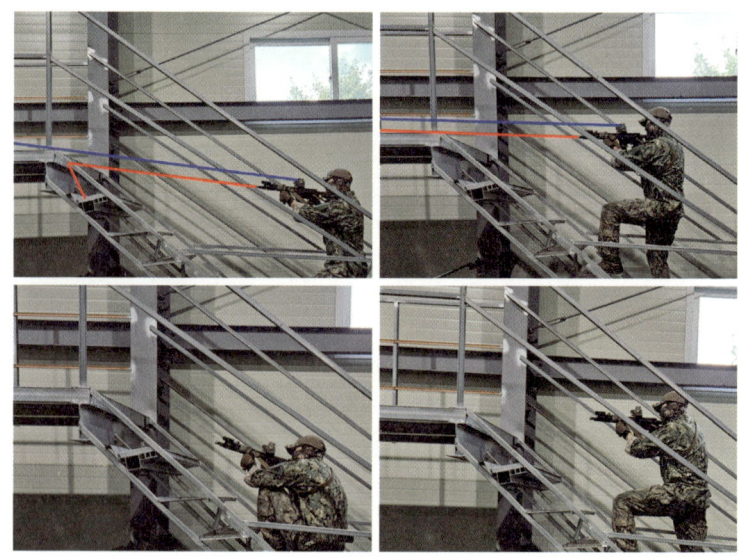

〈사진 18〉 계단 올라갈 때 주의사항

계단 극복 후 층계참은 이동의 중요한 교차점이기 때문에 병력을 배치하여 확보해서 각 층마다 재진입을 차단하거나 LOC_{Line of Communication}로 활용하기도 한다. 그래서 다층 건물에 대해서는 최소 소대 단위로 이루어지기도 한다. 다음은 계단 극복 이후 행동의 예시다.

- 해당 층에서 출입문 경계
- 다른 제대가 지나갈 수 있게 확보 후 대기
- 추가적인 계단 극복
- 확보한 층에 발판을 마련하고 전체 제압 이어가기
- 층계참 경계를 유지한 상태로 인접구역 확보

❏ 출입문 위치에 따른 격실 구분

- 센터 페드 룸Center Fed Room
- 파지티브 코너 페드 룸Positive Corner Fed Room
- 네거티브 코너 페드 룸Negative Corner Fed Room

출입문 위치에 따라 격실이 구분이 되고 여기에 맞춰 진입이나 진입 이후의 행동이 달라진다. 크게는 출입문이 가운데에 있는 센터 페드 룸Center Fed Room과 출입문이 한쪽으로 쏠린 코너 페드 룸Corner Fed Room으로 나눠진다. 코너 페드 룸은 출입문 기준으로 어느 곳에 서 있냐에 따라 파지티브Positive와 네거티브Negative로 나눠진다.

센터 페드 룸Center Fed Room은 격실의 가운데 출입문이 있는 형태인데 문이 정 가운데뿐만 아니라 한쪽으로 치우쳐져 있어도 문의 위치가 양쪽 벽으로부터 2m 이상 떨어져 있으면 센터 페드 룸으로 적용할 수 있다. 최소 2m 이상의 기준은 들어가기 전까지는 나에게 위협이 될 수 있는 무장한 인원이 있을 수 있는 공간이기 때문이다.

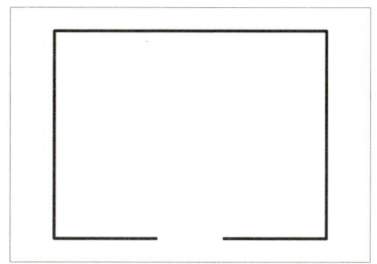

〈사진 19〉 센터 페드 룸Center Fed Room 예시

파지티브 코너 페드 룸Positive Corner Fed Room은 엄폐성 코너의 문으로 외부에서 격실 내부를 봤을 때 벽이 바로 보인다. 벽이 있기 때문에 위협을 마주하지 않아 심리적 안정감이 네거티브에 비해 상대적으로 높고, 아군이 노출이 되지 않은 상태에서 대기가 가능하다.

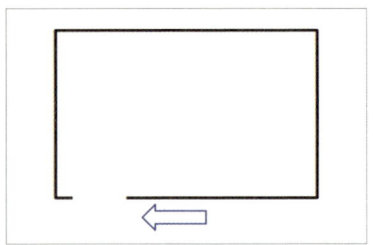

〈사진 20〉 **파지티브 코너 페드 룸**Positive Corner Fed Room **예시**

네거티브 코너 페드 룸Negative Corner Fed Room은 개방성 코너의 문으로 문이 열려 있을 경우 접근하는 과정에서 최소 5m 전부터 적에게 노출될 수 있다. 접근 과정에서 사전에 인지하는 것이 아니라 접근해서 인지하면 늦는 경우가 있기 때문에 주의한다. 그래서 사전에 도상이나 복도 진입 전 확인을 하고 접근하는 것이 좋다. 접근 과정에서 각을 확보하거나 문이 닫혀있다면 진입 지점을 파지티브로 바꾼 뒤에 대응할 수도 있다.

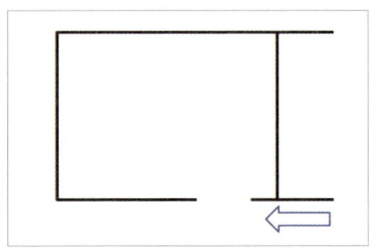

〈사진 21〉 **네거티브 코너 페드 룸**Negative Corner Fed Room **예시**

❑ 형태에 따른 격실 구분

- 박스 쉐이프드 룸Box Shaped Room
- 리니어 쉐이프드 룸Linear Shaped Fed Room
- L쉐이프드 룸L-Shaped Room

 박스 쉐이프드 룸Box Shaped Room은 네 모서리가 있는 단순한 사각형의 상자형 격실이다. 전술환경에서 만날 수 있는 가장 일반적인 유형의 격실로 실생활에서는 각종 가구나 생활물품들이 불규칙하게 배치되어 있는 경우가 많다.

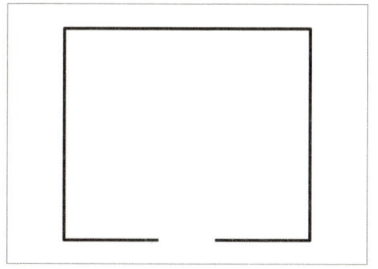

〈사진 22〉 **박스 쉐이프드 룸**Box Shaped Room **예시**

 리니어 쉐이프드 룸Linear Shaped Room은 길쭉한 형태로 일반적으로 복도나 터널이 이에 해당된다. 길어진만큼 위험구간이 그만큼 길며 크기마다 다르지만 교전이 발생한다면 화력의 공백없이 화력을 유지하는 것이 필요하다. 그리고 너무 많은 인원이 진입하려고 하면 그만큼 위험할 수 있다. 일반적으로 복도의 경우 좌·우 등 이어지는 격실들이 함께 붙어있는 형태로 있다.

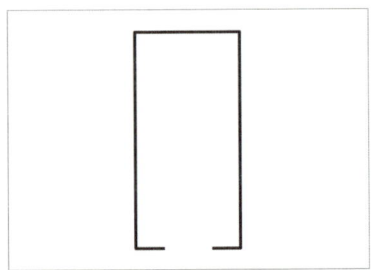

〈사진 23〉 리니어 쉐이프드 룸Linear Shaped Room 예시

L쉐이프드 룸L-Shaped Room은 L자 형태의 격실로 리니어 쉐이프드 룸이 2개가 연결되어 이어져 있는 것으로 판단하여 접근하면 된다.

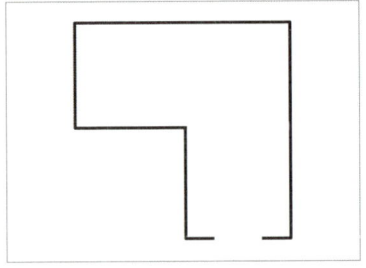

〈사진 24〉 리니어 쉐이프드 룸Linear Shaped Room 예시

❏ 격실 분석 Room Analyze

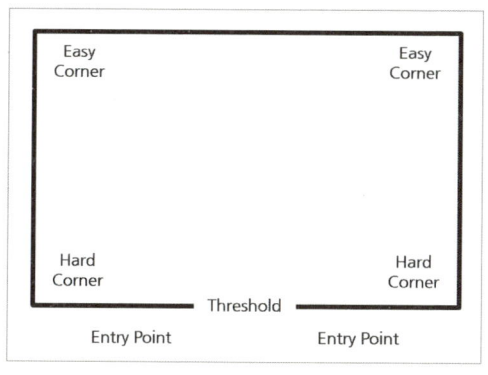

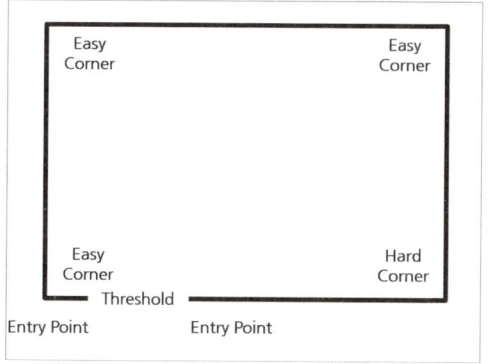

〈사진 25〉 센터 페드 룸좌과 코너 페드 룸우 격실해부

내부소탕에서 작전팀은 주로 확인된 공간에서 미확인된 공간 순으로 내부를 소탕한다.

엔트리 포인트Entry Point는 격실 외부에서 내부를 스캔하는 지점이자 격실 진입이 시작되는 곳이다.

이지 코너Easy Corner는 엔트리 포인트에서 볼 수 있는 격실 내의 코너로 문지방을 넘기 전과 하드코너Hard Corner를 마주하기 전에 확인을 할 수 있는 곳이다. 이지 코너의 적과 교전 시 작전팀은 대체로 스캔 후 교전을 할 수 있기도 하고, 벽 등이 있기 때문에 시간과 공간적 우위를 확보할 수 있다.

하드 코너Hard Corner는 엔트리 포인트에서 보이지 않는 코너로 사각이기 때문에 블라인드 스팟Blind Spot이나 데드 스페이스Dead Space라고 하기도 한다. 그리고 POT상 3번인 미확보구역에 해당한다. 하드코너는 물리적으로 격실에 진입해야만 볼 수 있기 때문에 중요하다.

문 지방Threshold은 격실 내부와 외부를 잇는 곳으로 그곳을 반드시 통과할 수 밖에 없는 곳이기에 방 안의 화력이 집중될 수 있다. 그래서 해당 구역을 죽음의 깔때기라고 하고 그 구역을 페이탈 퍼널Fatal Funnel이라고 한다. 페이탈 퍼널은 내부에서 노출되면서 그만큼 공격받을 수 있는 구역이기도 하기 때문에 문이 열려있을 때 외부의 인원들은 페이탈 퍼널에 무방비하게 노출되지 않도록 하고, 문지방을 통과할 때는 신속히 통과해서 내부로 진입해야 한다.

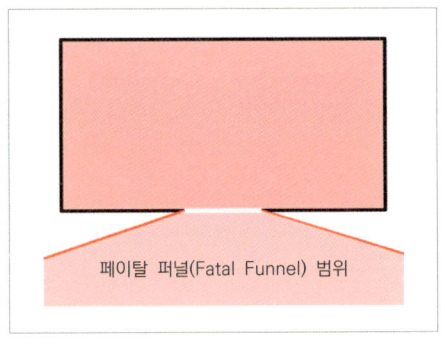

〈사진 26〉 페이탈 퍼널Fatal Funnel 범위 예시

☐ 룸 클리어링Room Clearing

- **엔트리**Entry
- **스캔**Scan
- **스냅**Snap
- **핸들링 쓰렛**Handling Threat
- **클리어**Clear

엔트리Entry는 룸 클리어링 절차에서 진입하는 절차로 진입 전 진입할지 말지부터 우선 판단해야 한다. 문이 열려 있다면 내부를 필요한만큼 확인을 하고, 문이 닫혀있다면 문이 미는 문인지 당기는 문인지, 손잡이의 위치 등 어떤 문인지 도어 리딩Door Reading을 한다.

닫힌 문은 격실과 외부를 단절을 시키는데 이 문이 열리면 공간의 단절에 균열이 생기면서 내부와 외부가 연결이 된다. 이 지점을 크랙Crack이라고 표현을 하며 진입 전 닫힌 문에 대해 도어 리딩을 통해 크랙을 우선 잡는다. 그리고 다른 팀원은 문의 반대편에 위치하여 문을 열어주는 도어 맨Door Man의 역할을 해준다.

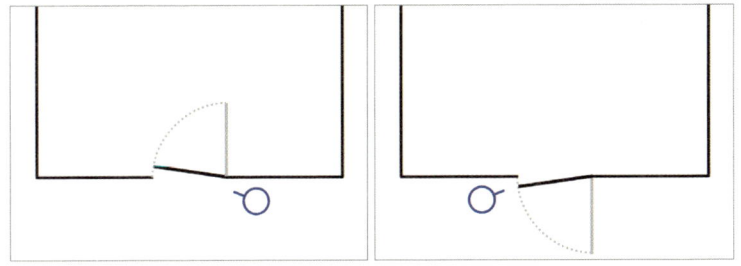

〈사진 27〉 크랙Crack 잡은 예시

출입문 진입대형은 크게 네 가지가 있으며 전술이나 출입문의 위치,

문의 상태에 따라 달라지고 거기에 따라 진입기술도 달라지기 때문에 상황에서 유리한 방식으로 한다.

- 스플릿 스택Split Stack
- 새임 사이드 스택Same Side Stack
- 코너 스택Corner Stack
- 오프셋 스택Off Set Stack

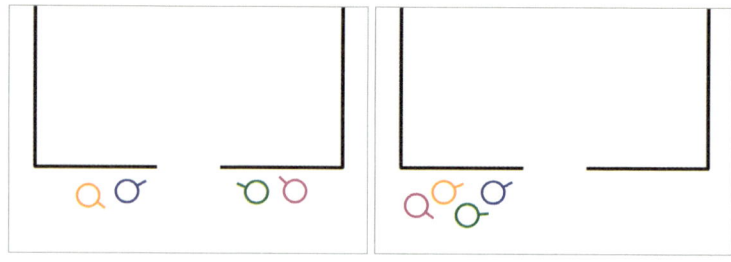

〈사진 28〉 스플릿Split 스택좌, 새임 사이드Same Side 스택우

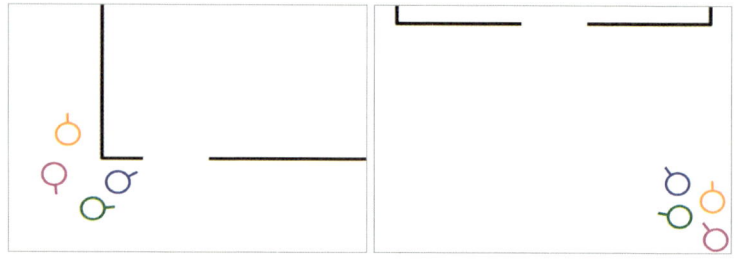

〈사진 29〉 코너Corner 스택좌, 오프셋Off Set 스택우

닫힌 문은 도어맨이 문이 열리는지 체크를 먼저 한 뒤에 문이 잠겨져 있지 않은 것을 확인했다면 크랙을 잡고 있는 인원과 신호를 주고 받은 뒤에 문을 열고 진입을 한다. 그리고 도어맨은 문을 열 때 신체

가 페이탈 퍼널에 최소한으로 노출되도록 한다.

출입문 기준으로 스택을 섰을 때 문에 가장 가까운 인원들은 총구가 출입문 너머로 노출되지 않도록 한다. 노출되는 기준으로부터 총구를 15cm정도 이격시키는데 서프레서Suppressor를 착용하는 부대는 서프레서를 착용할 때와 안 할 때 둘 다 맞춰서 적용하고, NVGNight Vision Goggle를 착용한 상태에서도 거리감을 잘 알고 조절해야 한다.

〈사진 30〉 총구 노출이 있는 상태와 없는 상태 예시

스플릿 스택으로 양쪽에 서 있는 상태에서 문이 열려있는 상태라면 둘 다 벽에 너무 붙지 않도록 한다. 벽에 붙을 시 내부의 적이 시야에 들어올 때까지 볼 수 없을뿐더러 돌발적으로 빠르게 문으로 나왔을 때 사격을 하면 아군이 서로 충돌이 난다. 그렇기 때문에 문이 열린 상태로 스플릿 스택에서는 너무 벽에 붙지 않고 어느정도 각도를 확보해주거나 1명이 90° 가까이 각을 확보해주면 좋다.

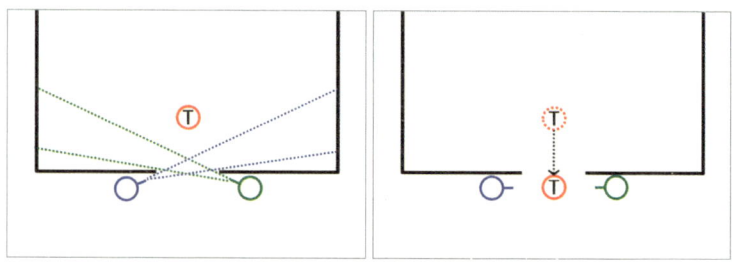

〈사진 31〉 스플릿 스택에서 벽에 너무 붙어있을 시 문제점 예시

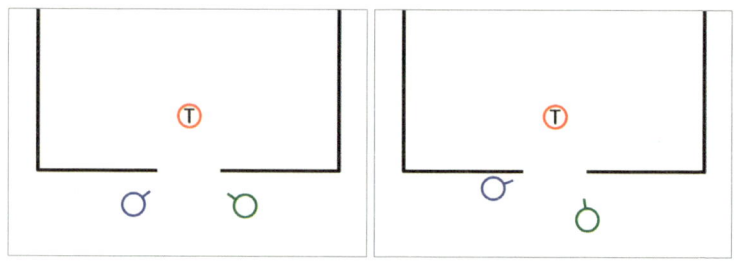

〈사진 32〉 스플릿 스택에서 서는 예시

진입 시 진입 방향은 두 가지로 문 너머 반대편으로 가면 크로스 Cross고 문 너머 반대편이 아닌 벽 너머로 가면 훅Hook이다.

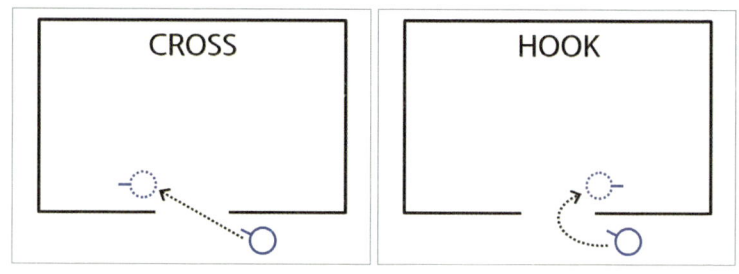

〈사진 33〉 진입방향 예시

진입 시 즉각 사격할 수 있도록 최대한 견착을 유지한 상태에서 노출을 최소화하여 진입한다. PT와 2번의 경우 출입문에서 거리를 너무 가깝게 위치해서 진입한다면 하드코너를 들어가서 확인하기 전에 노출되는 것이 불필요하게 많아지게 되고, 사격 실력에 비해 가깝거나 너무 빠르게 진입을 한다면 진입 중 적에 대해 사격이 끝나는 시점이 문지방을 넘기 전이 아니라 넘고 난 뒤기 때문에 하드코너 등 내부에 불필요한 노출이 많아질 수 있다.

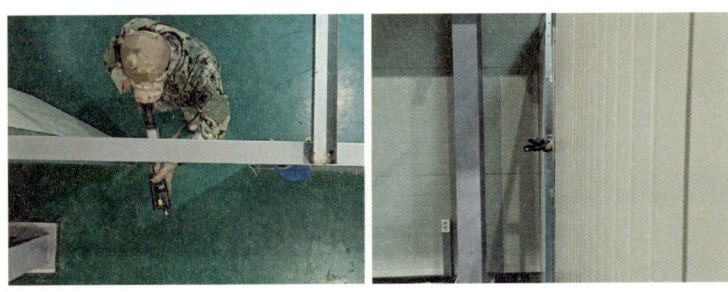

〈사진 34〉 불필요한 노출을 한 진입 예시

좁은 곳이 아닌 일반적인 곳은 왼쪽이든 오른쪽이든 들어가고자 하는 방향의 문틀에 총구를 위치시키고 들어가면 노출을 최소화해서 진입할 수 있다.

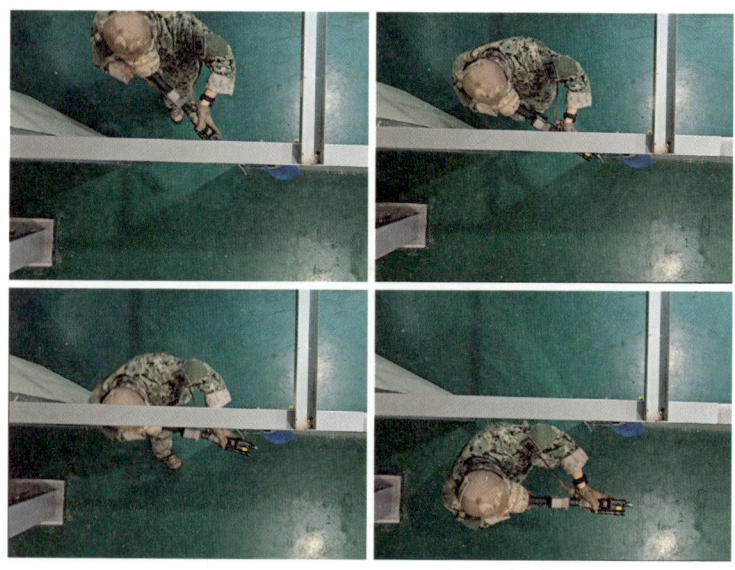

〈사진 35〉 노출을 최소화한 진입 예시

배럴 딥Barrel Dip은 견착을 떼고 총기를 몸쪽으로 당겨 총기가 먼저 노출되는 시간을 줄이는 방법으로 보고 판단하는 두뇌와 총구의 간극을 줄여 거의 동시에 같이 노출되도록 한다.

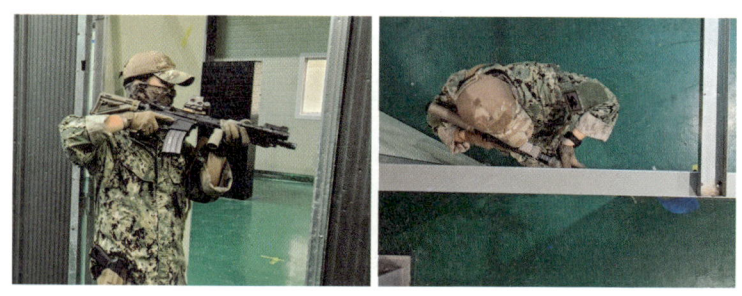

〈사진 36〉 배럴 딥Barrel Dip 예시

배럴 딥은 굳이 안 해도 되는 상황에도 하거나 불필요하게 먼저 자세를 취하지 않아야 한다. 배럴 딥은 필요한 곳에 필요한 만큼만 빠르게 하고 다시 정확하게 사격을 할 수 있는 원래 견착을 한 올바른 사격 자세로 돌아올 수 있도록 해야 한다.

〈사진 37〉 배럴 딥Barrel Dip 불필요하게 먼저 한 예시

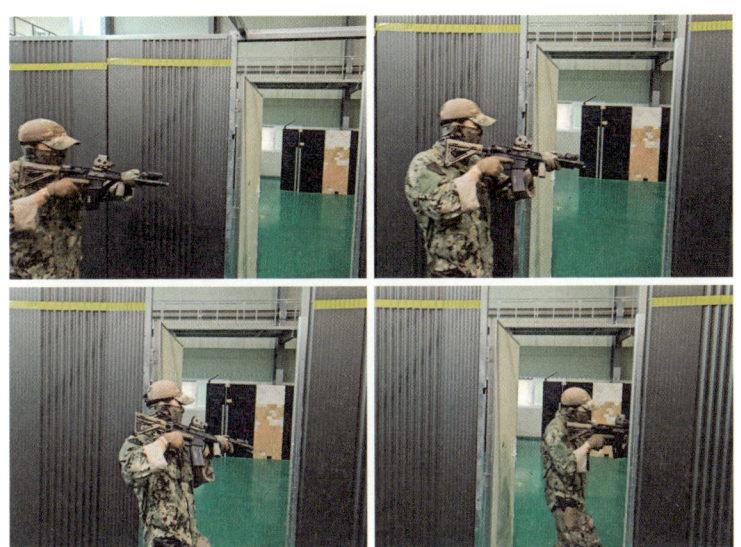

〈사진 38〉 정상적인 배럴 딥Barrel Dip 예시

진입 간 작전환경이 민간인 등이 혼재된 상황이라면 PT와 2번은 총구를 전방으로 향하게 하는 것이 아니라 아에 총구를 바닥 쪽으로 내린 로우포트Low Port로 진입해서 정확하게 식별해서 사격을 하여 민간인에게 실수로 쏘는 것을 예방하는 것도 METT-TC를 고려한 한 가지 방법이다.

진입할 때 1번이 들어간 뒤 2번이 1번의 등을 커버해주기 때문에 페이탈 퍼널을 신속히 통과하되, 2번이 못 쫓아올 속도로 들어가거나 2번이 느리게 들어가서 1번의 등이 노출되는 시간이 길어지게 하면 안 된다. 진입기술Entry Technique은 여러 개가 있는데 다음의 예시가 대표적인 진입기술이다.

- **크로스 오버**Cross Over
- **모디파이드**Modified
- **버튼 훅**Button Hook
- **스텝 센터**Step Center

크로스 오버Cross Over는 스플릿 스택에서 문 기준 양쪽 인원들이 순서대로 크로스로 들어가는 것으로 크리스 크로스Criss Cross라고도 한다.

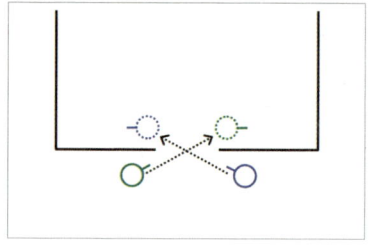

〈사진 39〉 **크로스 오버**Cross Over **예시**

모디파이드Modified는 진입하는 앞사람의 반대 방향으로 진입하는 것이다.

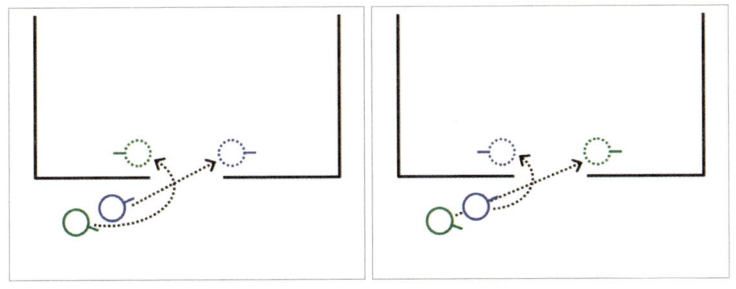

⟨사진 40⟩ 모디파이드Modified 예시

버튼 훅Button Hook은 스플릿 스택에서 양쪽의 2명이 동시에 각각 훅으로 진입하는 것으로 일반적으로 문이 큰 상태에서 하기도 하며 문이 작다면 순서대로 들어가는 것도 방법이다.

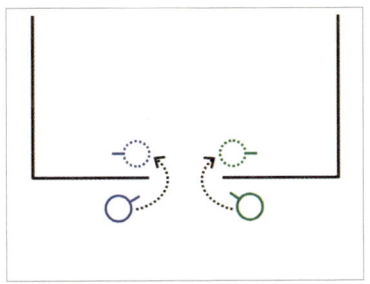

⟨사진 41⟩ 버튼 훅Button Hook 예시

스텝 센터Step Center는 이름 그대로 출입문 가운데에 스텝을 밟고 내부를 관측한 뒤에 진입방향을 결정한 후 진입하는 것이다.

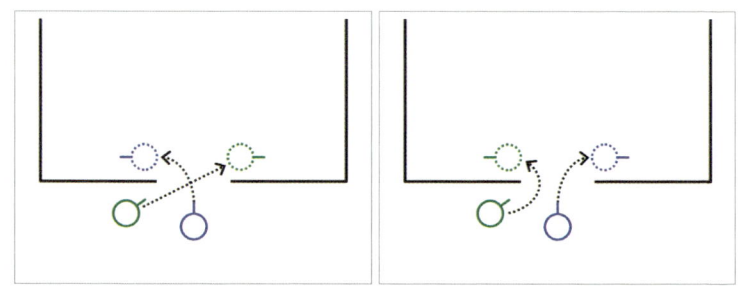

〈사진 42〉 스텝 센터 Step Center 예시

진입 시 1번으로 들어가는 PT와 2번으로 들어가는 인원은 가장 먼저 하드코너를 확인한다. 3번과 4번은 각각 들어가는 방향의 반대편 센터 기준3) 10°에 총구를 꽂으면서 진입한다.

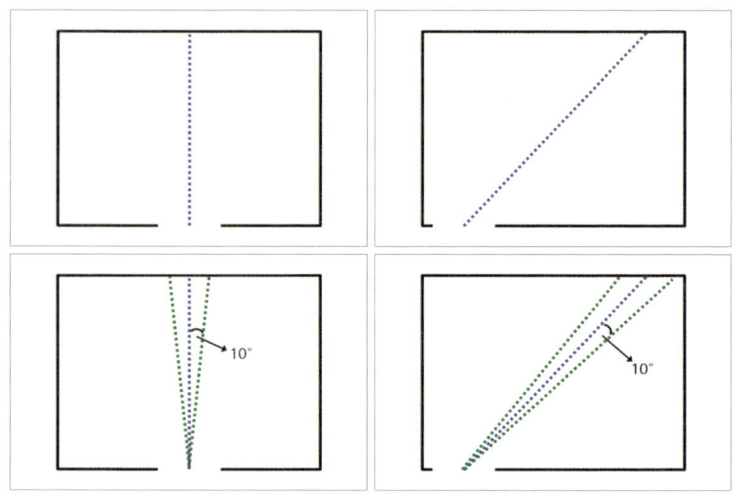

〈사진 43〉 센터 기준과 센터 기준 10° 예시

---

3) 출입문 가운데에서부터 격실을 균등하게 나누는 가상의 선

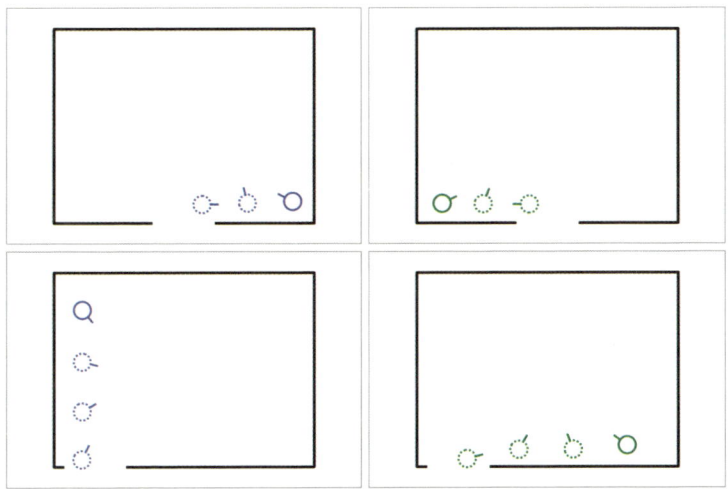

〈사진 44〉 1, 2번 진입 동선 예시

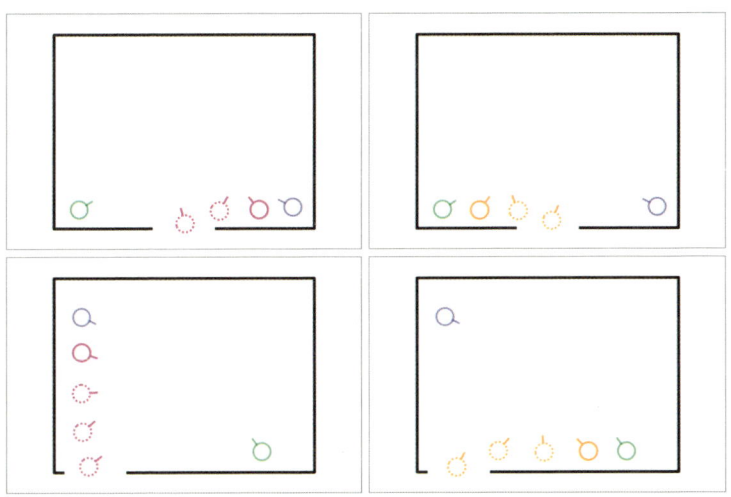

〈사진 45〉 3, 4번 진입 동선 예시

일부 CQB에 대한 무지로 인해 "진입 안 하고 수류탄만 던지면 되는데 CQB를 우리가 왜 훈련하냐?", "수류탄 던지고 총만 넣어서 다 쏘면 되는데 CQB가 왜 필요하냐?"라는 말을 하는 사람들을 볼 수 있다. 이는 그저 훈련이 안 되었거나 훈련부족에 대한 핑계나 변명 밖에 되지 않는 말이다. 물론 수류탄을 던지거나 총만 넣고 쏘는 블라인드 슈팅Blind Shooting이 상황에 따라 필요하고 유용한 전투기술이긴 하지만 격실에 대해 장악을 하기 위해서는 결국에는 그 이후 들어가야 한다. 그리고 이렇게 했는데 만약 내부의 적이 제압되지 않았다면 기습의 요건을 달성하지 못하게 되고, 반대로 적의 집중 공격으로 인해 모멘텀을 잃어버릴 수 있다. 또한 내부의 적이 무장을 하지 않았거나 민간인 등이 함께 있을 경우에는 법적으로 충분히 문제가 발생할 수 있고 실행한 당사자의 정신적인 문제까지 안고 생각해야 된다.

분명 필요하고 할 수 있어야 하는 전투기술이지만 상황에 알맞게 쓰는 것이 더 중요하고, 벙커나 참호처럼 좁고 명확하게 적만 있을 수밖에 없는 곳에 주로 쓰이는 전투기술이라는 것을 알고 있어야 한다. 고로 훈련을 하지 않기 위한 변명을 그럴듯하게 포장해서 사용하면 안 된다.

스캔Scan은 진입해서 격실 내부 본인의 책임구역을 스캔한다. 1번과 2번은 하드코너를 확인한 뒤 반대편 아군 총구 앞 1ft약 30cm까지 총구를 돌린다. 3번과 4번은 본인이 진입해서 이동하는 방향의 반대쪽 센터 기준 10°에 총구를 꽂아서 본인이 가는 방향쪽으로 스캔을 하는데 이렇게 해야 앞 사람이 스캔하는 동선을 고려했을 때 확인을 해야 되는 지점을 빠르게 스캔할 수 있다. 3인 이상 진입 후 스캔할 때는 양 옆에 아군이 있다면 총구는 양 옆 아군 총구 앞 1ft까지 스캔을 하면 된다.

  스캔할 때 아군 총구 앞 1ft까지 총구가 움직이는 구역은 사격을 할 수 있는 구역으로 FOF Field of Fire라고 한다. 아군 총구 앞에 멈춰도 시야는 그 너머로 가서 아군의 상태나 아군이 있는 곳에 아군이 놓친 위협이 있는지 확인하는데 이를 FOV Field of View라고 한다. 2인으로 진입할 때는 FOV를 한번 하지만 3인 이상 진입할 때 3번과 4번은 FOV를 2번 해야 한다.

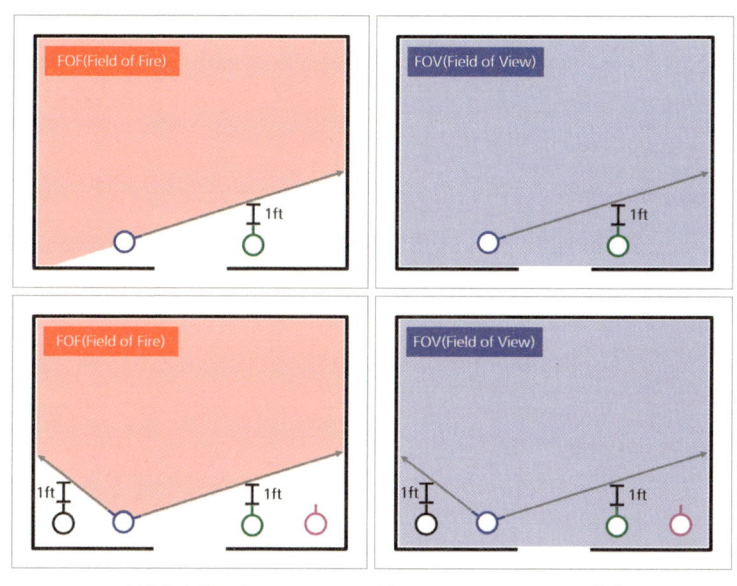

〈사진 46〉 FOF Field of Fire와 FOV Field of View 예시

  스캔은 의미없이 총을 들고 그냥 휘적대는 것이 아니라 내부에 들어가서 이상이 있는지 없는지, 위협이 있는지 없는지 등을 확인하고 이를 바탕으로 판단하고 다음 행동을 하기 위한 과정이기 때문에 스캔을 할 때는 정확하게 해야 한다.

스냅Snap은 스캔을 한 뒤에 위협이 있다면 위협을 잡는 것으로 이때 위협 우선순위인 POTPriority of Threat에 따라서 섹터링 또는 앵글링으로 잡는다.

핸들링 쓰렛Handling Threat은 잡고 있는 위협을 처리하는 것이다. 사격을 해야 하는 적이라면 진입시점부터 보이는 즉시 멈추지 않고 사격을 하고, 나머지는 스냅 이후에 이루어지는데 미식별자라면 인원통제 및 신원확인을 하고, 바리케이드라면 시야를 가리는 뒤를 확인해서 이상 유·무를 확인하고, 열린 문이나 닫힌 문이면 이어서 클리어링을 진행한다.

위협의 상황에 따라 처리하는 것은 Change of Behavior社를 설립한 Brian[4]의 'Basic 10 Problem Solving System'을 필자는 추천한다. Basic 10에 대한 처리 방법은 해당 책에는 서술하지 않으며 10가지 모델 명칭만 소개하도록 하겠다.

싱글 사이드Single Side	더블 사이드Double Side
Empty	Non Cross
Long Wall	On Line / T-Shape
New Room	Off Set
Walking Wall	Floating
Immediate Moving	Same Side

---

4) Brian은 23년간 美Navy SEALs에 복무하면서 美해군특수전개발단인 데브그루(DEVGRU, US Naval Special Warfare Development Group)에 소속되기도 했으며, 네이비씰 자격교육인 SQT(SEAL Qualification Training) 교관을 하면서 'Basic 10 Problem Solving System'을 창시해서 교육했다. 현재는 Change of Behavior社에서 'Basic 10 Problem Solving System' 교육받을 수 있다.

클리어Clear는 해당 격실에서 본인이 잡고 있는 것과 아군이 잡고 있는 위협을 처리해서 말 그대로 해당 구역을 클리어 하는 것이다.

룸 클리어링이 끝나면 이어서 계속 진행하는데 계속 복도를 따라 다음 격실로 갈지 또는 맞은편 격실로 갈지와 이동에 대해서 시기 등 기계획을 따르거나 리더의 판단에 따라 진행을 한다.

룸 클리어링 간 작전대원들은 청력보호장비헤드셋 등를 통해 청력을 보호할 수 있도록 한다. 사격 시 건물 내부 또는 벽면 근처에서는 소리가 반사 및 증폭되어 더 크게 들릴 수 있다. 그리고 사격 시 총구 주위에는 항상 Concussion이라고 하는 공기 충격이 생기는데 야외에서는 크게 영향을 미치지 않지만 실내에서는 지속적으로 충격파가 머리에 가해질 경우 실제로도 뇌손상의 우려가 있다. 흔히 대구경 총을 많이 쏘면 어지러워지는 경우가 여기에 해당이 된다. 가장 좋은 것은 [5] 소음기도 함께 장착해서 사용하는 것이다.

---

5) Suppressor라고 불리는데 공식적인 명칭은 Sighnature Reduction Device이다. 소음기라고 하면 단순히 소리만 줄여주는 것으로 알지만 총구의 화염도 줄여주어 위치노출을 방지하고, 야간에는 총구화염이 NVG에 영향을 미치는 것도 줄여준다.

❏ 룸 클리어링 기법Room Clearing Techniques

- 스트롱 월Strong Wall
- 어포징 코너Apposing Corner
- PODPoint of Domination
- 프리 플로우Free Flow

스트롱 월Strong Wall은 진입 후 벽을 등지고 횡대로 격실 내부를 확보하는 것으로, 벽을 타고 이동하며 넓은 격실이나 L자 대형 등 안 잡아도 되는 상태에서 사용할 수 있고, 스트롱 월 대형을 먼저 잡은 뒤에 위협을 처리하기 위해 움직일 수도 있다. 스트롱 월은 같은 벽에 모두 붙어 있기 때문에 적용이 쉽고 사선이 상대적으로 넓다는 장점이 있다.

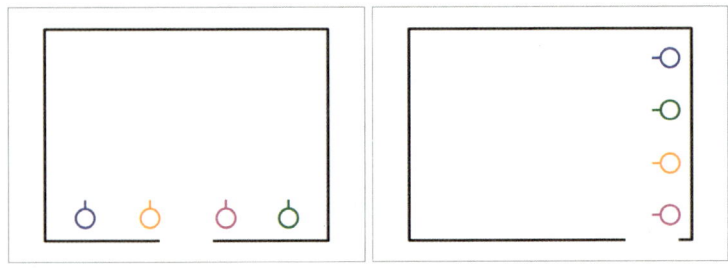

〈사진 47〉 스트롱 월Strong Wall 예시

어포징 코너Apposing Corner는 격실에 진입한 뒤 L자 형태로 내부를 확보하는 것으로 어포징 포인트맨Apposing Point Man이 하드코너와 이어서 있는 1개의 코너까지 2개의 코너를 확보한다. 격실 내 시야에 방해가 되는 바리케이드 확보 등 사각지역 해소에 용이하기도 하다. 빈 방에 대해서도 어포징 코너를 적용할 수도 있는데 격실의 크기가 어느 정도 있다면 90°룰에 의해 스트롱 월을 했을 때 벽면 끝에 인지하지 못한 공간이 혹시나 있을 수 있기 때문에 확인을 위해 어포징 코너를 할 수도 있다.

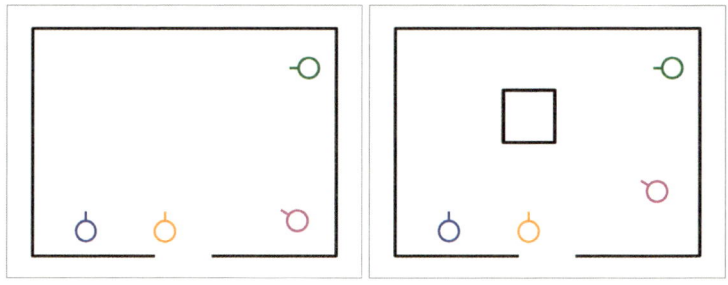

〈사진 48〉 **어포징 코너**Apposing Corner **예시**

PODPoint of Domination은 지배지점이라는 명칭 그대로 적으로부터 유리한 위치이자 지배하기 좋은 위치를 잡는 행동이다. 바리케이드 뒤의 미확보구역을 효율적으로 확인하고 위협에 신속히 대응하기 위한 것으로 해당 구역 내 어느 공간도 통제되지 않거나 관찰되지 않은 채로 남지 않도록 한다. POD는 구조와 위협의 배치에 따라 달라지며 어포징 코너도 일종의 POD를 잡는 행동이기도 하다. POD는 우위를 점하는 지점을 확보하는 것에 중점을 두기 때문에 제한된 공간에서 효율성을 높인다.

프리 플로우Free Flow는 앞선 방식들처럼 정해진 지점을 잡거나 방식에 크게 얽매이지 않고 상황에 따라 알맞은 방식으로 유연하고 자유롭게 움직이며 능동적으로 대처하는 방식이다. 예를 들어 POD를 잡기 위해 움직이다가도 적이나 이동 간 추가적으로 식별한 위협으로 인해 멈추거나 다른 행동으로 바꾸는 등 언제든지 상황에 맞춰 행동을 하는 것이다. 이를 위해 위협 우선순위POT, Priority of Threat와 작업 우선순위

POW, Priority of Work, 전투행동 기술 등을 아군과 함께 빠르게 적용한다. 그렇기 때문에 프리 플로우는 높은 숙련도를 요구한다.

CQB를 하면서 최초 스트롱 월Strong Wall이나 어포징 코너Apposing Corner를 주로 할 수는 있지만 최종적으로는 능동적으로 움직이는 PODPoint of Domination, 더 나아가 프리 플로우Free Flow를 할 수 있어야 한다.

step.5 기타

□ **습격의 원칙**Raid Fundamentals

- 기습과 속도Surprise and Speed
- 협조된 화력Coordinated Fires
- 공격적인 행동Violence of Action
- 계획된 철수Planned Withdrawal

습격Raid은 다음으로 정의된다. "습격Raid은 적 지역으로의 신속한 진입을 수반하는 기습 공격이며, 적 시설 파괴, 정보 수집, 생포된 아군을 해방하거나 적 인원을 생포 혹은 사살하기 위해 이루어진다.A raid is a surprise attack which involves a swift entry into hostile territory to destroy installations, gather intelligence, liberate captured personnel, and to kill or capture personnel.[6]"

CQB상황이 벌어지는 인공구조물들이 있는 곳에 적이 있고 그곳을 공격하는 입장이라면 필자는 전·평시나 군·경을 막론하고 습격의 원칙을 충분히 준용할 수 있다고 생각한다. 특히 '기습과 속도Surprise and Speed', '협조된 화력Coordinated Fires', '공격적인 행동Violence of Action'은 여과없이 적용되고, '계획된 철수Planned Withdrawal'는 METT-TC에 따라 생략되거나 간소화될 수 있다고 생각하고, 결국 패트롤Patrol에서의 원리가 그대로 적용되는 것이다.

---

6) Paul Lefavor.(2023).US Army Small Unit Tactics Handbook Tenth Anniversary Edition

☐ **목표지역 지휘자 정찰** Leader's Reconnaissance of the Objective

지휘관 또는 지휘자는 공격에 앞서 목표에 대해 직접 정찰을 통해 현장에서 정보를 수집하는 것이다. 지도와 같은 간접 정보만으로 분석을 하면 실제 지형과 다른 점으로 인해 속을 수도 있다. 그렇기 때문에 목표지역에 대한 지휘자 정찰은 지휘관이나 지휘자에게 지형을 직접적으로 체감하게 하여 계획을 수정 및 보완하고 더 나은 결정을 할 수 있게 한다. 사전에 주어지는 정보가 적거나 신뢰도가 낮을수록 정찰의 필요성은 증대된다.

정찰에 앞서 최초 수립한 계획이나 사전에 제공받은 정보를 바탕으로 정찰팀이 어떤 것들을 정찰할 것인가에 대해 우선순위를 정해야 하는데 일반적으로는 적 상황에 대한 정보와 지형분석 5요소 OAKOC를 확인한다. 지휘자 정찰은 소수의 병력을 데리고 본대에서 떨어져 나와 소수의 취약한 상태로 은밀히 목표를 정찰하러 간다. 정찰팀은 사전에 세운 우선순위와 필요에 따라 이동로, 분진점, 공격대기지점 등 확인하면서 검증을 하는데 각 구역에서 서로를 지원할 수 있는 은·엄폐 지점과 기동을 원활히 하는 통로가 갖추어져 있는지 등을 확인한다. 적에 대해서는 SALUTE[7] 양식으로 확인할 수 있다. 필요할 경우 정찰팀에서 잔류조를 남겨놓고 올 수 있는데 이들은 S/O Surveillance and Observation로서 목표에 대한 지속적인 감시와 관측을 한다.

도시지역의 경우 수많은 인공구조물 속에 적은 숨어있을 수 있기 매우 쉽기 때문에 정찰팀은 어느 방향에서든 공격을 받을 수 있다. 그래

---

7) Size(규모), Activity(활동), Location(위치), Unit(부대), Time(시간), Equipment(장비)

서 정찰팀이 노출이 된다면 적은 역으로 감시 및 추적을 하거나 방어를 더욱 견고히 할 수도 있고, 아에 목표에서 이탈해 비워버릴 수도 있다. 가용하다면 드론과 같은 다수의 무인기를 운용해서 리스크를 감소시킬 수 있지만 무인기조차 노출의 위험이 있다. 그렇기 때문에 도시지역에서의 지휘자 정찰은 원하는 만큼 정찰하지 못하는 등 매우 제한적일 수 있다.

☐ 고립ISO, Isolation

고립은 목표에 대해서 경계를 설정하여 출입을 허용하지 않는 것을 의미한다. 출입이 차단된다면 외부에서 내부로 적은 증원을 할 수 없고, 내부의 적은 도주할 수 없어지게 되어 작전의 변수를 차단하거나 최소화할 수 있다. 작전대원의 수가 충분하다면 외부를 차단하는 팀과 내부를 차단하는 팀으로 나눌 수 있고 외부 차단은 주로 교통로를 통제하는데 집중할 수 있다. 고립을 시키는 역할을 맡은 제대인 ISO를 적의 증원 병력이 압도한다면 현장지휘관은 예비대를 투입하는 등 ISO를 강화할 수 있는 준비가 되어 있어야 한다. 효과적인 고립을 위해서는 지하나 터널과 같은 공간까지 이루어져야 하고, 통신이나 전력선까지 차단해야 한다.

ISO는 점Point과 선Line으로 할 수 있는데 Point ISO의 경우 특정 지점을 차단하는 것으로 출입구나 도로 등을 집중적으로 통제하고 이곳에 대전차 지뢰나 크레모아 등 장애물을 설치한다. Point ISO는 인원이 부족하면 적에게 돌파당할 수 있다는 약점이 있다. Line ISO는 여러 개의 지점을 서로 연결 및 연동하여 지역을 고립시키는 것이다.

효과적인 차단을 위해서는 무장을 적절히 잘 배치해야 하는데 차량 접근로의 경우 대전차 화기를 배치하고, 사람이 다니는 접근로의 경우 기관총과 같은 대인 화기를 배치한다.

상황에 따라 교전수칙에 의해 ISO를 통과할 수 있게도 해야 한다. 특히 민간인이나 신원 확인 절차가 필요한 인원의 경우 테이저건 등 비살상무기를 활용하여 통제한다. 이러한 통제절차는 더욱 많은 인원이 필요하다는 것은 이해하고 있어야 한다.

❏ 페이즈 라인 PL, Phase Lines

페이즈 라인Phase Line은 단계를 나눈 선으로 지도상 또는 실제 지형에서 작전팀의 전진 또는 진행과 화력 조절, 아군 및 인접부대의 조정과 통제 등을 하는데 쓰이며, 습격이나 공격에서 필수적인 통제수단이기도 하다. 그리고 습격의 원칙에서 '협조된 화력Coordinated Fires'의 한 가지 요소로 작용하기도 한다.

페이즈 라인은 가상의 선을 만들어 작전 간 단계별로 진행되도록 하는데 페이즈 라인을 넘고 있거나 넘으려 할 때 해당 제대나 통제하는 CCCommand and Control가 전파하면 다른 제대에서 이 통제를 듣고 사격을 통제하거나 경계하는 등 한다. 그래서 페이즈 라인은 간접화력과 함께 사용할 수도 있다. 이때 공격제대는 목표건물로 가기 전에 반드시 해당 페이즈 라인의 지원화력을 전환시키거나 중지시켜야 한다. 그래서 페이즈 라인은 아군의 사선과 같이 위험구역에서 아군을 이격시키기 때문에 전진한계선LOA, Limit of Advance의 역할을 하기도 한다.

지도상으로는 2D로 건물의 면적 차이만 보이지만 실제 지형을 봤을 때 3D로 지하나 지상과 같이 층이 다르고 이에 따라 같은 규모의 제대를 투입하더라도 인공구조물의 구조적 차이와 내부의 적의 저항 수준이나 아군의 부상자, 통제해야 하는 민간요소 등에 따라 건물을 확보하는 시간적 차이가 발생하기 때문에 페이즈 라인은 작전지역 내에서 작전하는 부대들의 전진을 맞춰줄 수 있고 지휘통제가 수월하도록 만들어주는 역할을 한다.

〈사진 1〉 지도와 실제 지형 차이 예시

페이즈 라인은 자연에서는 길이나 강 등을 기준으로 할 수 있고, 도시지역에서는 도로, 건물 등을 기준으로 할 수 있지만 너무 넓은 표식은 가까운 쪽이 페이즈 라인의 기준인지 먼 쪽이 페이즈라인의 기준인지 모호하기 때문에 되도록 지양 한다. 건물의 층이 클 경우 필요에 따라 건물의 수직적인 층을 기준으로 구분될 수 있다. 그리고 상황에 따라 부대에서는 페이즈 라인을 대신하거나 보완할 수단으로 체크 포인트Check Point를 사용할 수 있지만 이는 통과의 여부로 주로 사용되기 때문에 페이즈 라인에 비해 정확성이 떨어지고 위험이 클 수 있다.

이론상으로는 페이즈 라인을 무수히 많이 설정할 수 있지만 이는 굉장히 불필요하고 비효율적이기 때문에 일반적으로 3개 이하 또는 많아야 4개까지만 한다. 그래야 작전대원들이 작전지역 내 혼잡한 상황에서 혼란을 방지할 수 있다. 단순히 '페이즈 라인'으로만 봤을 때는 3~4개의 라인이 전부겠지만 작전 전체를 봤을 때 부대 SOP와 작전 단계별로 해야 되는 것들과 교전수칙ROE, 각종 우발상황 대처나 통신대책과 의무대책 등 종합적으로 봤을 때는 수많은 것들이 있기 때문에 불필요한 비효율은 최대한 줄여야 한다.

페이즈 라인이 3개나 4개 이상 많이 필요하다면 해당 부대는 규모가 너무 작거나, 목표지역이 해당 부대에 비해 지나치게 크다는 의미를 가진다. 그리고 이는 작전 간 멈추고 조율할 시간이 많이 필요하다는 뜻을 가지기 때문에 이러한 영향을 정확히 알고 있어야 한다.

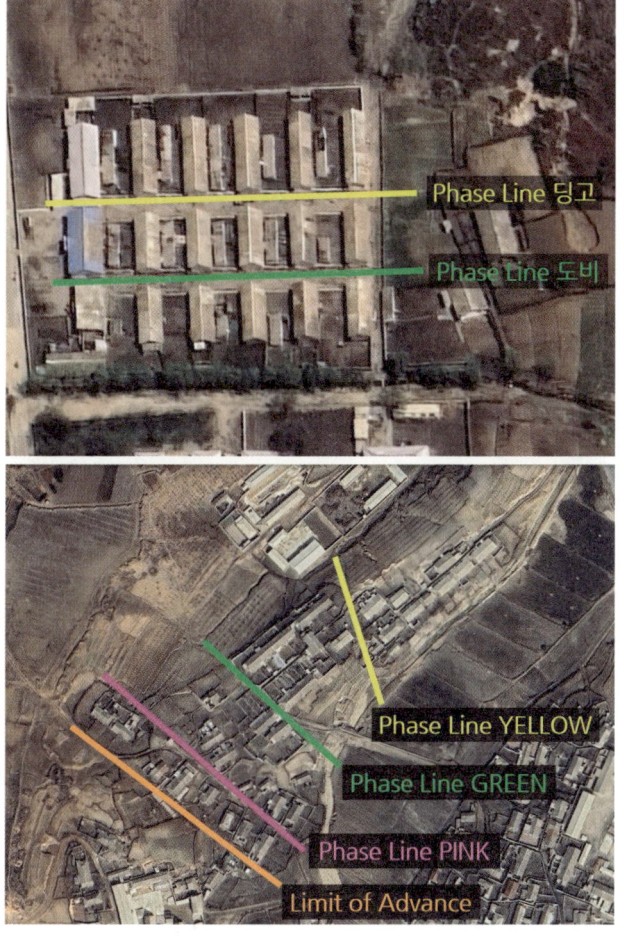

〈사진 2〉 페이즈 라인Phase Line 예시

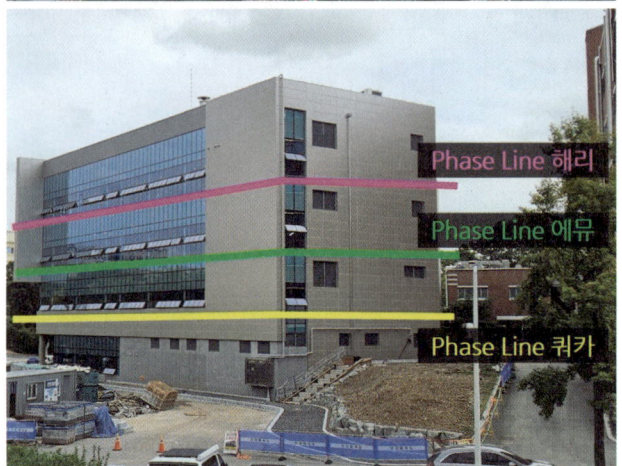

〈사진 3〉 페이즈 라인Phase Line 기타 형태 예시

❑ 통로개척 Breaching

브리칭이라고 하는 통로개척은 작전팀이 이동하는 통로 상에 이동을 막거나 방해하는 장애물을 개척하여 이동할 수 있도록 하는 것이다.

브리칭의 기본 원칙인 SOSRA는 브리칭의 각 요소를 체계적으로 다루어 적의 화력에 노출되는 시간을 최소화하고 작전의 성공을 보장하기 위해 만들어졌다.

- Suppress제압
- Obscure차폐
- Secure확보
- Reduce감소
- Assault공격

Suppress제압은 목표상에서 브리칭 제대와 교전할 적의 전투력이나 무기체계 등의 성능을 감소시키거나 무력화 또는 필요한 수준 이하로 일시적으로 저하시키기 위해 아군의 화력이 적에게 지향되는 것이다. 이를 통해 적이 제압되거나 지속적으로 고개를 못 들게 하여 브리칭 제대에 대해 적이 관측과 사격 등 공격을 하는 능력을 감소시키는 것이다. 만약 적을 제압할 수 있는 화력이 없다면 필요로 하는 효과를 낼 수 없으며 아군은 이동을 할 수 없게 된다. 제압이 없거나 제대로 되지 않은 이동은 자살이나 마찬가지기 때문에 주의한다. 브리칭 제대가 자체로 Suppress제압를 할 수도 있지만 주 임무는 브리칭을 통해 통로를 돌파하는 것이다.

Obscure차폐는 브리칭 제대가 실행하는 것에 대한 의도와 이동을 적으로부터 감추기 위해 보이지 않도록 하는 것으로 연막탄이나 기타 수단을 활용한다. 보통 연막이 많이 사용되지만 상황에 따라 노출의 위험도 있기 때문에 리더는 바람, 시간, 자산 등을 고려하여 효과적인 차폐를 원하는 시간동안 유지할 수 있도록 한다. 효과적인 차폐는 제압되지 않은 적으로부터 브리칭 제대를 공격할 수 있는 능력을 제한시키는데 중요한 역할을 한다.

Secure확보는 돌파를 위해 통로개척하는 지점인 POBPoint of Breach를 확보하는 것으로 적이 브리칭 제대가 브리칭을 방해하거나 공격 제대의 진입을 방해하지 못하도록 보장하고 공격 제대가 브리칭된 통로를 통해 통과하도록 하는 것이다. 이를 위해 다음 단계인 Reduce감소 전 브리칭을 하는 구역과 지점POB은 반드시 확보해야 한다.

Reduce감소는 브리칭 수단을 통해 통로를 막거나 제한시키는 장애물을 물리적으로 그 효과를 감소시키거나 무력화시켜 공격 제대가 통로를 통해 통과할 수 있도록 하는 중요한 단계로 실질적인 통로 개척이 된다. Reduce감소는 Suppress제압와 Obscure차폐가 되고, 통로의 이동을 방해하는 장애물이 확인되고, POBPoint of Breach가 확보된 후에 시작되어야 한다. 통로가 만들어지면 후속 제대를 위해 표시 또는 유도를 할 수 있도록 한다.

Assault공격는 브리칭 이후 개척된 통로를 통해 장애물 너머 공격 제대가 목표지역을 공격하는 것으로 브리칭 간 발생한 모멘텀을 활용한다.

브리칭 제대 편성	임무
지원제대 Support	• POB Point of Breach에 위치할 아군에게 직접적으로 공격할 수 있는 적을 제압하거나 고정시켜 브리칭 여건 조성 • 브리칭 제대와 공격 제대 보호 • Obscure차폐를 통제
브리칭 제대 Breach	• 필요한 수준의 통로를 개척하고 표시 • 개척된 통로의 상태와 위치를 보고 • 장애물에 대한 방호를 하고, 장애물을 감시 또는 관측하는 적에 대한 추가 제압 • 필요시 POB Point of Breach에 대한 추가 차폐 • 공격제대가 개척된 통로를 통과할 수 있도록 지원
공격제대 Assault	• 개척된 통로를 지나 목표지역을 공격하여 확보 • 후속제대가 있다면 후속제대가 이동할 수 있는 명확한 통로 제공 • 후속제대가 개척된 통로를 통과하는 동안 적의 사격을 차단 • 후속제대 인계 • 필요시 지원제대를 위한 추가 화력 제공

브리칭은 실내·외에 따라 다르게 불리기도 하는데 실외에서 실시하는 브리칭은 익스테리어 브리칭Exterior Breaching이라 하고, 실내에서 이루어지는 브리칭은 인테리어 브리칭Interior Breaching이라고 한다.

브리칭의 방법은 아래와 같이 구분된다.

- 익스플로시브 브리칭Explosive Breaching
- 발리스틱 브리칭Ballistic Breaching
- 매뉴얼 브리칭Manual Breaching

익스플로시브 브리칭Explosive Breaching은 폭발물을 이용하는 것으로 차지Charge라고도 표현한다.

발리스틱 브리칭Ballistic Breaching은 탄환을 이용하는 것으로 주로 샷건을 활용해서 자물쇠나 출입문의 경첩과 잠금장치를 아예 박살 낸다.

매뉴얼 브리칭Manual Breaching은 인력이 도구Tool를 사용하여 브리칭하는 방법으로 절단기, 해머, 램, 빠루 등을 사용한다. Chain Saw, Rotary Saw, Plasma Cutter, 유압기 등은 파워 툴Power Tool이라고 하고 기계를 사용하는 브리칭을 메커니컬 브리칭Mechanical Breaching이라고도 한다.

구 분	익스플로시브 Explosive	발리스틱 Ballistic	매뉴얼 Manual	파워 툴 Power Tool
속 도	빠름	빠름	느림	느림
무 게	가벼움	가벼움	무거움	무거움
사용법	어려움	보통	쉬움	쉬움
재사용 여부	소모성	소모성	재사용	재사용

❏ 목표상 행동 간 공격제대 원칙 SPARC

- Sector of Fire 사격 구역
- Priority of Targets 표적 우선순위
- Assault Lane 공격로
- Rate of Fire 사격 속도
- Conceal Position 은폐 위치

목표상에서 직접적으로 공격이 이루어지는 공격제대는 SPARC를 적용하여 행동할 수 있도록 한다.

❏ 페이즈 라인 배틀 드릴PLBD, Phase Line Battle Drill

페이즈 라인 배틀 드릴PLBD, Phase Line Battle Drill은 페이즈 라인Phase Line 에 실제 전투에서 발생할 수 있는 상황을 바탕으로 부대의 표준화된 행동과 절차를 정립하고 신속한 대응을 할 수 있게 하는 전투 훈련인 배틀 드릴Battle Drill을 합친 것이다. 이를 통해 페이즈 라인을 넘거나 근처에서 발생하는 상황에 대해 부대가 어떻게 반응할지 훈련하여 사전에 정한다.

PLBD로 작전실시 간에서 페이즈 라인을 기준으로 부대가 어떻게 반응하고 행동할지 신속하고 일관되게 움직여 혼선과 지체를 줄일 수 있고, 부대가 조직적으로 행동하게 만드는 세트 플레이Set Play로 기능하여 시가전에서 효과적으로 작전할 수 있게 한다.

도시지역에서 공격의 싸이클인 8)RIGS-C와 SOSRA를 신속히 적용하여 적의 배치, 아군의 진입지점과 경로와 위치를 확인한다. 이를 통해 신속한 OODA Loop를 가능하게 하여 모멘텀의 유지와 획득에 도움을 준다.

통로 개발Corridor Development은 PLBD를 성공적으로 수행하는 것에 대한 핵심요소로 아군이 이동할 수 있는 통로를 확립시키는 것이다. 이러한 통로는 목표상에서 공격제대의 공격로Assault Lane가 된다. 이 통로를 만들 때는 후속부대도 통과할 수 있게 필요시 정리Clear와 확보Secure하고 표시Mark가 되어야 하고 이것이 확실히 전달되어야 한다.

---

8) Recon(정찰), Isolate(차단), Gain a Foothold(발판 확보), Seize Objective(목표 장악), Consolidate and Reorganize(정비 및 재편)

그리고 필요에 따라 통로는 차단Isolation과 제압Suppress의 요소를 통해 적으로부터 화력으로 커버되어야 한다.

타이밍과 순서Timing and Sequencing는 제대별 자산과 행동의 효과적인 타이밍과 순서 배치가 원하는 효과를 달성하게 하는데 결정적으로 작용한다. 조건을 설정하고 순서화를 하고 작전 간 모든 작전대원은 언제 어떤 중요한 사건들이 발생하는지 이해해야 한다.

통합과 효과Intergration and Effects를 이해하여 PLBD를 효과적으로 수행하고 성공을 시키는데 있어 중요한 요소 중 하나이다. 강력하고 잘 협조된 사격은 성공적인 돌파와 후속 전개를 가능하게 한다. 할당된 모든 자산을 잘 활용하여 적에 대해 화력을 연속적으로 투사하는 것뿐만 아니라 관측된 적의 정확한 위치에 집중사격을 통한 압도적인 화력을 행사하는 것도 중요하다. 필요에 따라 고성능 폭발장약HE, High Explosive은 통합되어 적을 붕괴시키거나 해당 위치에서 이탈시킬 수 있는 파괴적 효과를 달성하는데 사용되어야 한다.

화력 및 자산을 정확한 장소와 정확한 시간에 정확한 수단으로 효과를 최대화하여 적에게 회복할 시간을 주지 말아야 한다.

페이즈 라인은 너무 많은 라인은 복잡하고 혼선을 유발하기 때문에 간단하고 기억하기 쉽게 설정하고, 페이즈 라인 배틀 드릴은 발생할 수 있는 핵심 사건과 책임만 명확하게 하고 과도한 세부절차는 피해야 한다. 그리고 누가 어떤 말과 신호로 하는지 명확한 의사소통 수단으로 효과적으로 할 수 있도록 하고 이를 통해 일관성 있는 즉각적인 대응을 이끌어 낸다.

❏ 포로 처리절차 EPW Handling Procedure

전투 후 포로EPW, Enemy Prisoner of War9)를 통제하는 팀또는 임무를 부여받은 제대은 사살 또는 사망한 적과 포로를 통제한다. 해당팀은 사망 여부를 다시 확인을 하면서 시신을 수색하고, 작전지역에서 철수하거나 후속 부대가 올 때까지 모든 포로 및 피구금자Detainee10)를 관리한다. 포로와 피구금자는 초기에는 작전지역 내 작전팀이나 그 안의 EPW팀에 의해 관리가 되고, 이후에는 군사경찰MP이 관리를 한다. EPW팀이나 군사경찰MP은 작전에 따라 초기에 작전을 지원하는 제대에 지원제대로 포함될 수도 있다.

포로 및 피구금자와의 관계가 원만할수록 더 정확한 정보를 얻을 수 있고 이들을 신속하게 후방으로 이송하고 문서화가 정확히 된다면 전술적 가치를 가지게 된다. 이런 사항들은 종종 상급 주대에서 중요하게 취급되기 때문에 상급부대에서 EPW 처리 절차나 보호 지침을 직접 내릴 수 있다. 이러한 지침이나 별도 명확한 지침을 현장 지휘관은 내려주어야 한다.

포로나 피구금자들을 확보하고 이송시키는 등의 일에는 다수의 병력이 필요하고, 포로를 함부로 놓아주는 것은 적에게 미리 경보와 정

---

9) 무력충돌 중 교전국 군대에 의해 포획된 적 전투원으로 국제인도법(제네바 제3협약)에 따라 포로의 지위를 갖는 인원으로 인도적 대우를 받을 권리를 보장해야 한다. 해당 인원들은 교전국의 정규군이나 민병대, 자위대, 저항조직 중에서 포로 자격 요건(지휘체계, 무기를 노출한 상태로 교전, 식별 가능한 표지를 부착 등)을 준수한 인원들도 포함한다.
10) 군사작전 중 구금 되었지만 적 정규군이 아닌 사람들이 해당 되는 것으로 작전지역 내 보안이나 군사목적으로 인해 일시적으로 구금된 민간인이나 범죄 용의자 및 테러 관련 혐의자, 적 전투원으로 의심되지만 신원이 미확인된 인원, 비정규 세력 중 포로 자격 요건을 준수하지 않은 자 등이 포함된다.

보를 줄 위험이 크다.

현장을 통제하는 지휘관은 EPW팀에게 목표지역을 어떻게 수색하고 정리할지에 대해 전달하는데 일반적으로 SOP가 있다면 그에 따르고 특별상황에 대해서는 별도로 지침을 하달한다. 그리고 필요시 어떤 물품을 수거해서 어디에 둘지 지정을 하고, 타임라인을 설정하여 주어진 시간 내에 EPW팀이 목표를 수색하고 정리할 수 있도록 한다. 이 지침을 받은 EPW팀의 리더는 하위 팀들이 체계적으로 수색 및 정리를 할 수 있도록 조직적으로 배치하고 운용한다.

적의 전사자는 먼저 사망이 확인되어야 하는데 이는 POT 6번에 따라 진행할 수 있도록 한다. 시신을 수색하거나 이동시켜야 하는 경우 경계하는 인원과 정리하는 인원이 함께 부비트랩의 여부를 점검한다. 수색에는 체계적으로 완전한 방법이 있지만 시간적 제약이 있을 경우가 적지 않기 때문에 시간이 충분하지 않은 경우에는 중요한 물품이 있을 가능성이 높은 곳을 우선 수색하고, 중요 품목은 현장 지휘관이 사전에 지정한다. 수색이 끝난 인원은 분리하고 모든 수색이 끝나면 수거한 물품은 지정된 곳으로 가져간다.

포로에 대한 구금은 필수적인 절차로 구금에 불응하거나 저항하는 적은 필요시 총구 위협 하 강제 구금이 될 수 있지만 사격하는 것이 기본 절차는 아니다. 불응하는 인원들에 대해서는 단계적 물리력 또는 강제력을 사용해야 하는데 예로 일정 시간 후 특정수단이 사용될 것을 경고하는 것이 될 수도 있다. 포로를 구금할 때는 태도가 중요한데 적 포로의 위협에 대한 반응으로만 폭력을 행사할 수 있도록 한다. 침착하고 단호한 태도는 피구금자를 진정시키고 순응하게 만든다.

전투에서 확보한 포로EPW, Enemy Prisoner of War를 안전하게 처리구금하기 위한 단계적인 절차로 흔히 5ST 또는 5S&T라고도 한다.

- Search수색
- Silence침묵
- Safeguard보호
- Segregate분리
- Speed to Rear후방으로 이동
- Tag표식

Search수색은 인원에 대해 즉시 무기와 문서 등에 대해서 수색을 한다. 이때 혼자 수색하는 것이 아니라 2명 1개조로 1명은 경계를 한 상태에서 진행한다. 의심스러운 인원이 있다면 폭발물이나 은닉한 무기 등을 확인하고 머리에서 발 방향, 오른쪽에서 왼쪽 등 체계적으로 직접 손으로 더듬어서 수색한다. 필요시 이때 전술적인 정보를 얻기 위한 질문TQ, Tactical Question을 할 수 있다. 수색이 끝났다면 포박을 한다.

Segregate분리는 획득한 인원을 분리하는 것으로 전투원장교 / 전투원부사관 / 전투원병사 / 비전투원전투 가능한 연령의 남성 / 비전투원전투 불가능한 연령의 사람 등 필요에 따라 다양하게 분리할 수 있다. 이때 비전투원의 경우 전투 가능한 연령의 남성과 이외의 사람을 구분하기 위해 표시를 할 수도 있다. 이런 분리를 통해 이들이 구금 간 지휘체계에 의한 상호간의 협조 등을 방지한다. 수색 및 분리를 하고 있는 동안에는 수색이나 정리 등이 완료된 클린 룸Clean Room과 각종 작업이 진행중인 더티 룸Dirty Room, 각종 신문이 이루어지는 TQ룸Tactical Question Romm을 구분하고 운용할 수 있다.

Silence침묵을 시켜 포로들 간의 모든 의사소통과 협조를 차단해야 한다.

Speed and Rear후방으로 이동는 포로 및 피구금자를 가능한 빠르게 최종 장소로 이동시켜 시기 적절하게 정·첩보를 획득할 수 있는 것을 극대화 한다. 전투가 이루어지고 있는 상황이라면 전투지역에서 떨어진 은·엄폐 장소를 사용할 수 있다. 공격 제대는 EPW팀 또는 지원 제대 등에 인계할 수 있고 작전 지역에서 이탈 할 때 이들을 상급 부대나 직접 후방에서 처리할 수도 있다.

Safeguard보호는 구금하는 동안에 위험으로부터 포로 및 피구금자를 보호하고 마찬가지로 작전하는 인원들을 이들의 위험으로부터 보호한다. 이들 집단을 보호 및 경비하는 동안에는 각별히 주의해야 하는데 이들 집단은 보호 및 경비하는 인원들의 작은 방심을 이용해서 제압하려 할 수 있다. 아군 중 걸을 수 있는 인원이나 부상자 등 모든 인원이 포로 및 피구금자 집단에 대한 보호 및 경비를 할 수 있으며 이들에 대한 필요한 의무치료를 제공해야 한다. 그리고 지정된 인원의 허가 없이는 음식이나 물, 담배 등을 멋대로 주면 안 된다.

Tag표식은 획득한 포로 및 피구금자에 대해 획득한 일시, 장소, 상황 등 기재한다. 그리고 모든 장비와 무기에 대해서도 표식을 한다.

❏ 콜 아웃Call Out

콜 아웃은 일반적으로 직접 들어가지 않고 밖으로 나오도록 불러내는 것이다. 목표 대상에게 무력의 위협을 바탕으로 평화적으로 건물에서 나오라고 요구를 하는데 나오지 않는다면 최루탄이나 사격 등의 무력이 가해진다. 이때 외부적인 무력과 강제력은 단계적으로 올라가는데 사격으로도 안 나온다면 다음은 포격으로 진행하는 것이다. 그리고 콜 아웃을 하기 위해서는 목표 대상이 도주하지 못하도록 철저히 고립시켜야 한다.

콜 아웃은 기습의 효과를 상실하기 때문에 목표에 각종 부비트랩과 기관총과 같은 강력한 무장으로 저항하는 등 진입하는 위험이 클 때와 적 또한 투항할 의지가 있을 때 유용하다. 적이 결코 콜 아웃에 응하지 않는다면 지속된 공격으로 적이 죽거나 또는 기습의 효과를 포기했지만 내부로 공격을 들어가야 되는 상황이 벌어질 수 있다.

콜 아웃이 성공적으로 이루어진다면 응하는 사람들이 나올텐데 이들은 위장으로 투항하거나 자살공격을 할 수 있다는 것을 알고 경계해야 한다. 나온 사람들은 포로 신분이기 때문에 포로 처리 절차에 의해 지정된 구역에서 진행한다. 만약 목표가 특정 인물이라면 임무가 종료될 수 있지만 그것이 아니라 지역이나 건물이라면 공격은 계속 진행될 수 있다.

美군의 콜 아웃 사례

최초 미군은 모든 여성과 아이들이 건물에서
나와 이라크군에게 수색을 받도록 명령

↓

그 다음 남성들에게 항복하고 나오라고 명령

↓

만약 내부에서 외부로 총을 쏘면
모든 창문에 기관총 사격을 실시

↓

내부에서 다시 사격을 하면
모든 창문에 유탄이나 대전차화기 등 발사

↓

그래도 나오지 않으면 화력유도로 건물 파괴

❏ 방어 중인 건물 공격

적이 방어중인 건물에 대해서 공격을 할 때는 우선 정찰을 통해 돌파지점을 선택하는 것인데, 옥상이나 문, 창문 등 기존에 있는 것을 통해 진입하거나 브리칭으로 벽을 뚫어서 들어갈 수도 있다.

이때도 SOSRA의 원리를 적용할 수 있으며 제대 또한 지원, 브리칭, 공격으로 나눌 수 있다.

지원제대의 경우 실내에서 필요하지 않은 공용화기들로 무장하는데 각종 기관총이나 유탄발사기, 대전차화기 등이 여기에 해당된다. 지원제대의 목적은 목표 건물의 고립과 제압, 적에게 피해를 유발시키는 것이다. 그리고 지원제대는 대전차화기를 벽 등 방해가 되는 물체에 대해 정확히 조준사격을 해서 브리칭제대가 작업하는 것을 지원할 수 있다.

브리칭제대와 공격제대가 가능한한 가까이 침투를 하고 지원제대에서 사격을 통해 목표를 고립시키고 제압을 한다. 이때 창문이나 문 등 개방된 곳은 신속하고 정확한 사격으로 엄폐물 뒤 적을 제압하고 피해를 유발시킨다.

브리칭제대가 브리칭을 시도할 때 차폐Obscure를 하고 만약 이들이 제압당하거나 실패할 경우를 대비해 예비 브리칭제대는 대기하고 있어야 한다.

브리칭이 성공하면 공격제대는 신속히 공격을 진행하여 건물 내부 격실들을 땅따먹기하듯이 하나나 점령해나간다. 내부에서는 확보해야되는 방들과 통로 등으로 인해 공격제대는 흩어지게 되는데 이때 적이 반격을 할 수 있는 가능성도 염두하고 진행해야 한다. 그리고 방어중이기 때문에 각종 부비트랩이나 함정이 있을 수 있기 때문에 공격제대는 예비대가 항상 필수로 있어야 한다.

이러한 과정에서 사상자의 발생은 필연적이고 대량 사상자가 발생할 수도 있기 때문에 사상자 수집소인 CCP Casualty Collection Point를 잘 지정해야 한다.

공격이 완료되어 건물을 장악했다면 신속히 지원제대의 각종 화기들을 반입하여 점령한 건물을 진지로서 강화해야 한다.

❏ 페이스 플랜PACE Plan

- Primary주
- Alternate예비
- Contingency우발
- Emergency긴급

페이스 플랜은 주로 사용하는 수단이 사용이 안 되거나 차질이 생길 경우를 대비하여 대체 수단을 미리 계획해두는 것이다. 작전 간 제대나 작전대원이 불확실성에 대비할 수 있도록 하고 계획 실행에 있어 혼란이나 예상치 못한 상황으로 발생하는 문제를 처리하기 위해 구조화된 접근 방식을 가질 수 있도록 보장한다.

페이스 플랜은 작전을 함께 실행하는 당사자들끼리 중복되는 방식으로 결정해야 하고, 가장 이상적인 방법은 주, 예비, 우발, 긴급 각각의 방법은 서로 완전히 분리되어 독립적인 것이다. 한 방법이 실패하거나 작동하지 못하더라도 다른 방법에 영향을 미치지 않아야 하는 것이다. 하지만 네 가지 모두 완전히 서로 분리되는 것은 현실적으로 어렵다.

Primary주는 실행하고자 하는 가장 많이 사용하기 때문에 주가 되고 선호하는 방법이다. 즉 실행에 있어 첫 번째 선택이기도 하다.

Alternate예비는 기본계획인 Primary주가 제한 또는 불가능해지거나 했을 때 사용하는 백업 또는 대체 계획으로 작전 간 유연성을 제공하기도 한다.

Contingency우발는 예비를 넘어서는 또 다른 백업 또는 대체로 작전 간 발생할 수 있는 더욱 심각한 문제나 말 그대로 우발상황을 해결할 수 있도록 한다.

Emergency긴급는 극단적으로 발생한 상황에서 사용하는데 주로 앞선 주, 예비, 우발을 사용하기 제한되는 상황으로 과감한 조치가 필요할 때 사용하기도 한다. 상황에 따라서는 우발과 긴급이 동일 할 수도 있고 다를 수도 있다.

페이스 플랜은 일반적으로 통신계획과 의무계획에 흔히 적용되고 그만큼 필수적으로 중요하다. 특히 통신과 의무의 경우 단 하나의 수단에만 의존하지 않도록 보장하고 이 두 가지의 경우 수단의 중요성과 사용 가능한 옵션의 다양성으로 인해 페이스 플랜이 항상 복잡해지는 경향이 없잖아 있다. 하지만 작전대원들이 해당 페이스 플랜을 모르면 그것은 없는 것과 다를 바 없기 때문에 알고 있어야 한다.

❏ 듀티 라이트 컨셉Duty Light Concept

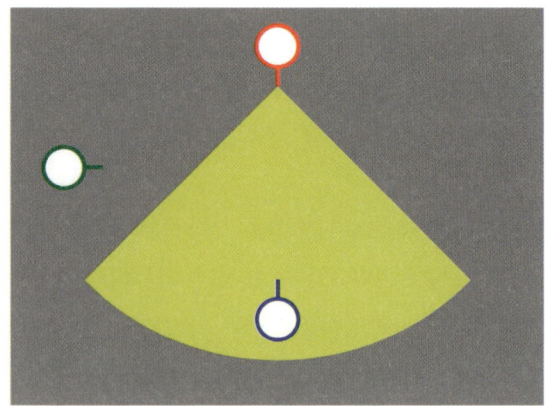

〈사진 4〉 듀티 라이트 컨셉Duty Light Concept 예시

라이트를 사용할 때의 상황을 이해하는 것으로 전술상황에서 눈에 보이는 가시可視든 눈에 보이지 않는 비가시非可視든 동일하게 적용되는 원리로 이를 이해하고 라이트를 사용할 수 있도록 한다.

라이트를 비추는 인원빨강은 빛 안을 볼 수 있지만 빛 밖은 보지 못한다. 라이트를 맞는 인원파랑은 빛이 오는 광원을 볼 수 있지만 빛 밖은 보지 못한다. 라이트 밖에 있는 인원초록은 빛을 쏘는 인원과 빛을 맞는 인원을 볼 수 있다.

이때 빛을 맞고 있는 인원은 빛이 어디서 나오고 있는지 알고 있기 때문에 더 강한 루멘의 라이트로 비추는 앤서링 백Answering Back을 하여 일시적으로 시야를 뺏고 무력화를 시킨 뒤에 해당 위치를 빠르게 이탈한다. 빛 밖의 인원이 아군일 경우 이 인원이 빛이 나오고 있는 곳으로 앤서링 백을 하면 빛 안의 인원은 바깥으로 이탈할 시간적 여유를 가지게 되고, 모든 인원이 라이트를 킨 것이 아니라 아군의 규모가 노출되지 않았기 때문에 어둠 속에 숨을 수 있다.

　모든 인원이 위협에 비해 필요 이상으로 라이트를 키게 되면 위협에만 빛을 비추고 그 밖의 어둠 속에 있을 수 있는 위협에 대해 인지하지 못할 수 있기 때문에 이를 잘 이해하고 라이트를 키는 것과 스캔에 대한 행동 등을 수립하도록 한다.

❏ 훈련에 관하여 for Training

CQB 훈련은 킬 하우스Kill House 또는 슛 하우스Shoot House라고 불리는 훈련장에서 실탄 CQB를 할 수 있어야 한다.

〈사진 5〉 킬 하우스Kill House 예시[11]

    킬 하우스 자체는 훈련하기 위한 것으로 구조와 배치를 바꾸면서 할 수 있는 장점이 있다. 구조와 배치를 바꾸지 못하는 매번 똑같은 훈련장에서 훈련을 한다면 CQB를 잘 하는 것이 아니라 그 훈련장, 그 집에서만 잘하는 사람이 된다. 그리고 킬 하우스와 슛 하우스에서 훈련하는 것도 좋지만 실제 지형에서 하는 것도 중요하다. 실제 지형은 건

---

11) 출처 : 1~3 The Ranch Texas(https://ranchtx.org/), 4 Secutor Arms(https://www.020mag.com/noticias/8987/conociendo-una-kill-house)

물의 목적에 따라 구조와 배치, 크기와 어떤 사물들이 있는지 등 알 수 있으며 결정적으로 킬하우스의 구조는 현실에서 보기 어렵다. 그래서 킬 하우스와 실제 지형 두 가지 모두 훈련을 해야 한다.

훈련을 할 때 완벽한 훈련을 준비하는 것은 좋지만 무결한 훈련을 지향하는 것은 피해야 한다. 훈련을 통해 부족한 점을 발견하고 그걸 수정하고 보완해 나가는 것이야말로 훈련을 통해 진정한 발전의 길이고 곧 실전적인 훈련과 이어진다. 훈련을 통해 부족한 점이 발견되었다면 구성원에게 화를 내는 것보다 실전을 하기 전에 발견을 해서 이를 보완할 수 있는 기회가 주어졌다는 것에 안도를 해야 한다.

훈련 자체가 평가가 되어야 하는 것은 아니다. 훈련 자체가 평가가 되면 곧 게임이 되어버린다. 훈련 뒤에 사후검토와 문제점을 파악하고 그에 대한 대책을 세우는 지휘관과 참모, 간부들의 능력이 평가의 요소 중에 하나가 되어야 한다.

흔히 훈련에서 벌어지는 고질적인 문제점은 훈련 전 연습 및 준비를 하지만 하나하나 시나리오대로 영화 촬영 하듯이 짜맞춘다. 그리고 훈련은 이 짜맞춘 시나리오대로 적과 아군이 움직이고, 시나리오에서 벗어날 경우 지적을 한다. 즉 짜맞춰진대로 잘 움직였나 못 움직였나를 평가한 뒤 잘 움직였을 경우 자화자찬과 박수로 끝나는 사후검토와 그렇지 않을 경우 야단과 지적으로 끝나는 사후검토가 되는 것이다.

적의 상황묘사를 해주는 대항군의 경우 말도 안 되는 위치에 말도 안 되는 행동으로 놔두면 안 된다. 특히 CQB훈련에서 많이 보이는 모습이 하드코너에 그냥 서있기만 하는 경우가 대표적이다. CQB상황에서 마주하는 적은 실제로 무언가 목적이 있어서 행동을 할 것이고 그렇다면 거기에 맞춰 배치와 움직임이 발생하기 때문에 이 부분을 알맞게 설정해야 훈련이 될 수 있다. 그리고 적도 사람이기 때문에 당연히 죽는 것을 싫어한다. 그렇기 때문에 단순히 하드코너 같이 1명은 죽이더라도 본인은 반드시 죽게 될 위치에 있는 것이 아니라 더 깊고 더 안쪽에 본인은 안전하고 이를 상대하는 아군에게는 치명적이게 할 곳에 있을 것이라는 것을 알고 훈련을 해야 한다.

훈련에서 날씨에 상관없이 훈련을 해야 실제 METT-TC를 고려할 때 기상과 기온에 따라 어떤 것들을 챙기고 어떤 것들을 조치를 하고 어느 정도로 행동할지 판단할 수 있다. 단순히 비가 온다고 훈련을 안 하고, 눈이 온다고 훈련을 안 하고, 춥다고 훈련을 안 하고, 덥다고 훈련을 안 하면 실제 상황에서 변수에 맥없이 무너질 수 있다. 단순히 축구만 하더라도 초등학생도 기상과 기온에 상관없이 훈련을 하면서 거기에 맞춰서 어떤 행동을 어느 정도로 해야 무리없이 잘할 수 있을까 직접 체득하고 실제로 잘할 수 있게 된다.

워킹 레스트 차트 Working Rest Chart를 기준으로 훈련이나 작전활동 간 행동과 수분섭취를 할 수 있도록 한다.

Working Rest Chart

항 목	기온 섭씨	낮은 강도		중간 강도		높은 강도	
		시간 분할 행동/휴식 분	시간당 수량 섭취 ml/hr	시간 분할 행동/휴식 분	시간당 수량 섭취 ml/hr	시간 분할 행동/휴식 분	시간당 수량 섭취 ml/hr
1	25~27	–	250	–	750	40/20	750
2 Green	27~29	–	250	50/10	750	30/30	1,000
3 Yellow	29~31	–	750	40/20	750	30/30	1,000
4 Red	31~32	–	750	30/30	750	20/40	1,000
5 Black	33이상	50/10	1,000	20/40	1,000	10/50	1,000

참고사항 : 각 개인마다 수분 섭취량은 ±250ml로 다양하다.

주의사항 : • 1시간 수분 섭취량은 1,500ml를 넘지 않도록 해야 한다.
    • 일일 수분 섭취량은 12,000ml를 넘지 않도록 주의한다.
    • 화생방 장비 착용 시 섭씨 5.5℃를 추가해서 계산한다.
    • 플레이트 캐리어 착용 시 섭씨 3℃를 추가하여 계산한다.

사후검토AAR, After Action Review는 훈련에서 발생한 미흡사항들을 바로잡는데 필수적인 피드백을 제공하고 전문적인 토의를 통해 스스로에게 무엇이 발생했는지 알게 하면서 개선을 위한 방안을 발전시키는데 도움을 제공한다.

 사후검토 시 주의사항으로는 비판적인 분위기가 조성되는 것을 방지해야 한다. 그리고 객관적이고 완전한 사후검토 결과를 제공해야 하는데 다양한 관점에서 강점과 약점 등 있는 그대로를 보여주며 피드백을 제공해야 이를 깨닫고 미흡점을 보완시켜 발전할 수 있다.

사후검토 시 다음 사항을 고려하여 진행한다.

- 무엇이 발생했어야 했는가 검토
- 무엇이 발생했는가 확인
- 무엇이 잘되었고, 잘못되었는지 검토
- 이후 어떻게 해야 하는지 고민

훈련에 참여하는 작전대원들 모두가 스스로 디브리핑Debriefing을 하면서 전술적인 사고능력과 효과적인 SOP 및 TTPs 수립 절차와 분위기 형성에 기여하고, 평가자 또는 팀 리더나 셀 리더는 미흡사항과 보완사항에 대해 공감대를 형성한다.

훈련에 대한 간부의 덕목			
장교		부사관	
위관급	훈련을 하는 법	중·하사	훈련을 하는 법
영관급	훈련을 시키는 법	상사	훈련을 가르치는 법
장성급	훈련을 지원하는 법	원사	훈련을 지원하는 법

☐ 시나리오 기반 교전 훈련 Scenario Based Force on Force Training

시나리오 기반 교전 훈련 Scenario Based Force on Force Training은 실전과 똑같지는 않지만 비슷한 경험을 쌓을 수 있으면서 좀 더 통제할 수 있고 위험을 감수하지 않는 훈련이다. 실전경험을 쌓기 위해서는 실전경험을 쌓을 수 있는 기회가 있어야 하고 우리가 준비해야 하는 상황들이 골고루 일어나리라는 보장이 없어 실전경험을 쌓을 수 있는 기회와 다양성을 통제할 수 없다. 실전경험이 없는 작전대원을 바로 실전에 투입해 실전경험을 쌓게 하는 것은 감수해야 하는 위험이 크기 때문에 조금 더 통제할 수 있고 위험을 감수하지 않으면서 실전과 똑같지는 않지만 비슷한 경험을 쌓을 수 있는 이 훈련을 하는 것이 좋다.

시나리오 기반 교전 훈련도 올바른 방법으로 해야 한다. 잘못된 방식으로 진행하면 시간을 낭비함은 물론 나쁜 습관을 쌓는 것 밖에 되지 않는다. 그래서 훈련을 주관하는 통제관이 중요하고 필요하다.

이 훈련에서 주의해야 할 점으로는 주어지는 시나리오가 실제로 임무수행하는 것과 같은 시나리오가 주어져야 한다. 훈련하는 작전대원들에게 맞지 않는 시나리오가 주어지면 안 된다. 각 조직이나 부대마다 갖는 목적이 다르고 주어진 권한과 담당하는 분야가 다를텐데 해당 조직이나 부대에 맞는 시나리오를 훈련해야 한다. 그리고 현실적인 시나리오가 주어져야 한다. 주어지는 시나리오가 너무 쉽거나 임무수행이 불가능한 수준의 시나리오가 주어지면 안 된다. 훈련을 하는 부대의 수준을 고려하여 쉬운 시나리오에서 점점 어려워져 해당 부대의 한계치를 일정 범위 내에서 넘는 시나리오가 주어지는 것이 바람직하다. 하지만 쉬운 시나리오를 계속 반복한다면 훈련이 되지 않고 훈련을 받는 작전대원들도 본인들의 임무를 잘못 이해하게 될 수도 있다. 반대로 너무 말도 안 되는 수준의 시나리오를 준다면 전혀 현실적이지 않아 훈련이 되지 않고 훈련을 받는 작전대원들의 몰입을 깨고 그들의 사기만 꺾는 결과를 낼 수 있다.

훈련에서의 대응은 실제상황과 동일하게 이루어져야 하고 "했다치고"식의 훈련은 지양하는 것이 좋다. 훈련과정 중에 이루어지는 SOP와 TTPs, 대응은 반드시 실제와 동일하게 이루어져야 한다.

훈련부대에게 주어지는 정보의 신뢰성은 훈련을 하는 부대의 수준에 따라 상이해야 한다. 실제상황에서는 변수가 항상 있을 수 있고, 이에 따라 훈련부대의 수준을 고려해서 제한된 정보나 잘못된 정보를 제공해 여기서 발생할 수 있는 변수에 대응할 수 있는 훈련도 함께 한다. 아직 높은 수준이 아니라면 충분한 정보를 주고 훈련부대의 수준이 올라가면 그에 따라 정보의 양과 질을 바꿀 수 있다.

평가 위주가 아닌 실제 조치가 이루어지는 과정에서 팀과 개인이 상황에 대응하는 것과 과정의 절차가 올바로 진행되고 있는지 점검하고 훈련부대가 경험을 쌓는 것에 그 목적을 두어야 한다. 시나리오 기반 교전 훈련을 해당 부대 평가의 도구로 사용하다 보면 훈련의 목적을 상실하고 잘못된 방향으로 이루어지는 경우가 많다. 훈련 시 항상 그 목적을 잃지 않도록 해야 한다.

기본에 충실하는 것도 잊지 말아야 한다. 훈련 중 안전수칙, SOP, 통신 수칙 위반, 돌발행동 등 기본적인 것들도 충분히 사후검토를 해야 한다. 이러한 기본적인 것 하나가 지켜지지 않아 변수로 작용해 전체 작전을 위험에 빠뜨리는 경우가 있다. 그래서 전체적인 결과가 좋다.

하더라도 이러한 기본적인 것들도 하나하나 확인하고 리뷰해야 한다.

오버 페네트레이션Over Penetration을 고려해야 한다. 오버 페네트레이션은 나 또는 아군이 사격을 했을 때 탄이 관통하는 것을 의미하는 것이다. 훈련 간 작전대원들이 사격하는 방향과 명중 여부와 함께 실제 피탄된 것에 대한 실탄의 관통력과 관통으로 발생할 수 있는 문제가 있고 피탄되는 벽 뒤에 있는 등 오버 페네트레이션이 발생할 수 있는 상황을 함께 고려한다.

CQB 교전 훈련에서는 UTMUltimate Training Munitions이나 시뮤니션 Simunition 같은 모사탄CCMCK, Close Combat Mission Capability Kit을 활용하여 일정 수준 이상의 고통을 유발해야 한다. 그렇지 않다면 민간인들이 하는 에어소프트 게임처럼 되어버린다.

〈저자활동 1〉 美장거리 사격

〈저자활동 2〉 美전술업체 교육

"예의 바르게 행동하고, 프로가 되어라,
그러나 만나는 모든 이들을 죽여버릴 계획은 세워둬라."
"Be polite, be professional,
but have a plan to kill everybody you meet."

제임스 매티스 제26대 美국방장관

참고자료

서적

- Max Alexander.(2018).Tactical Manual: Small Unit Tactics
- Paul Lefavor.(2023).US Army Small Unit Tactics Handbook Tenth Anniversary Edition
- United States Government US Army.(2017).Ranger Handbook
- Norman M. Wade.(2020).SUTS3: The Small Unit Tactics SMART book, 3rd Ed
- Matthew Luke.(2023).Small Unit Tacics and Raids: Two Illustrated Manuals
- Department of the Navy.(2017).Nwp 3-05.2 Naval Special Warfare Seal Tactics
- ADP 1-01 Doctrine Primer

유튜브

- 태상호의 밀리터리톡.(2017.12.28.).태상호의 전술잡기/소총레디자세[vedio].Youtube.https://www.youtube.com/watch?v=b4pTiWJdcdw
- Tactical Hyve.(2022.4.11.).Competition Shooting: Reloading Upon Entering a Position[vedio].Youtube.https://www.youtube.com/watch?v=IfsXwB_nb-A
- SureFire.(2018.12.27.).How to Speed Reload. Larry Vickers, Field Notes Ep. 39[Vedio].Youtube.https://www.youtube.com/watch?v=3azXI_GtPik

- Trigger Time TV.(2013.11.27.).Kyle Defoor, of Defoor Proformance demostrates how to correctly work the barricade[vedio].Youtube.https://www.youtube.com/watch?v=Da2oaVMRuQI&list=PLc1nfR7sWp1HgdISMstGX43XSrOWEvNEG&index=13
- Trigger Time TV.(2014.3.15.).Kyle Defoor of Defoor Proformance talks about fighting from the standing position[vedio].Youtube.https://www.youtube.com/watch?v=909ZzJYRFJ8&list=PLc1nfR7sWp1HgdISMstGX43XSrOWEvNEG&index=9
- Trigger Time TV.(2014.5.20.).Kyle Defoor, of Defoor Proformance talks about rifle reloads[vedio].Youtube.https://www.youtube.com/watch?v=Ag5inN1OEzI&list=PLc1nfR7sWp1HgdISMstGX43XSrOWEvNEG&index=4
- BAER Solutions.(2025.6.17.).How To Hold Your Rifle Correctly -Support Hand[vedio].Youtube.https://www.youtube.com/watch?v=7e3P-Wg9rSY&t=1569s
- UF PRO.(2019.7.8.).Pro's guide to CQB | Weapon flow in compressed environments[vedio].Youtube.https://www.youtube.com/watch?v=XWiY-aN4HKQ&t=2033s
- UF PRO.(2019.7.8.).Pro's guide to CQB|Solo CQB & Corner fed rooms[video].Youtube.https://www.youtube.com/watch?v=tam5y2qREkk&list=PLOv4gE-dhrTBknVIi9Ey8B7Anx80C21n7&index=1
- Max Velocity Tactical.(2019.9.25.).CQB: Methods of Entry: Step Center[vedio].Youtube. https://www.youtube.com/watch?v=xYuhq7qDoeM
- University of Iowa Army ROTC.(2021.3.24.).Tactics Platoon Raid [vedio].Youtube.https://www.youtube.com/watch?v=6oSE9rl7vPk&list=PLryYaRt1zIYMwrj7Q7RhBES8oJFngfNLU&index=5&t

- =1443s
- University of Iowa Army ROTC.(2021.3.24.).Breaching Fundamentals[vedio].Youtube.https://www.youtube.com/watch?v=fMk1Njy_yGA&list=PLryYaRt1zIYMwrj7Q7RhBES8oJFngfNLU&index=3
- Tree Of Smoke.(2025.2.13.).Become UNSTOPPABLE With This 1 CQB Tactic | Ready Or Not[vedio].Youtube.https://www.youtube.com/watch?v=ZJhh0In6jDo

기타

- 태상호.(2017.2.13.). [칼럼] 실내소탕(CQB)에 대한 단상. 뉴데일리. https://www.newdaily.co.kr/svc/article_print.html?no=2017021300111
- LOST LT.(2024.10.20.).SOSRA Breaching Considerations.[게시물].Instagram.https://www.instagram.com/p/DBT5JblOdIK/?igsh=OXhqaDlqM2l5Zmtq
- LOST LT.(2025.8.18.)Phase Line Battle Drill(PLBD).[게시물].Instagram.https://www.instagram.com/p/DNePa17R2iu/?igsh=MWdnM2cxaGYzeGVteQ%3D%3D

초판 1쇄 발행 2025. 11. 26.

지은이 김정환
펴낸이 김병호
펴낸곳 주식회사 바른북스

마케팅 송송이 박수진 박하연

등록 2019년 4월 3일 제2019-000040호
주소 서울시 성동구 연무장5길 9-16, 606호 (성수동 2가, 블루스톤타워)
대표전화 070-7857-9719 | **경영지원** 02-3409-9719 | **팩스** 070-7610-9820

•바른북스는 여러분의 다양한 아이디어와 원고 투고를 설레는 마음으로 기다리고 있습니다.

이메일 barunbooks21@naver.com | **원고투고** barunbooks21@naver.com
홈페이지 www.barunbooks.com | **공식 블로그** blog.naver.com/barunbooks7
공식 포스트 post.naver.com/barunbooks7 | **페이스북** facebook.com/barunbooks7

ⓒ 김정환, 2025
ISBN 979-11-7263-675-3 93390

•파본이나 잘못된 책은 구입하신 곳에서 교환해드립니다.
•이 책은 저작권법에 따라 보호를 받는 저작물이므로 무단전재 및 복제를 금지하며,
이 책 내용의 전부 및 일부를 이용하려면 반드시 저작권자와 도서출판 바른북스의 서면동의
를 받아야 합니다.